图1-1 苗瘟症状

图1-2 白点型叶瘟症状

图1-3 急性型叶瘟症状

图1-4 慢性型叶瘟症状

图1-5 褐点型叶瘟症状

图1-6 节瘟病株

图1-7 穗颈瘟症状（1）

图1-10 稻纹枯病症状

图1-11　云纹状病斑

图1-12　鼠粪状菌核

图1-14　叶枯型白叶枯病症状

图1-15　中脉型白叶枯病症状

图1-17　稻曲病症状（1）

图1-19　稻细菌性基腐病症状（1）

图1-22　稻条纹叶枯病症状（1）

图2-1　条锈病症状

图2-2 叶锈病症状

图2-3 秆锈病症状(1)

图2-5 小麦白粉病症状

图2-6 小麦赤霉病症状

图2-8 小麦散黑穗病症状

图2-9 小麦纹枯病拔节后症状(侵茎)

图2-10 小麦纹枯病苗期症状(未侵茎)

图2-11 小麦纹枯病症状

图2-14 小麦胞囊线虫病植株症状

图2-15 小麦黄矮病症状

图2-16 雪霉叶枯病症状（1）

图3-1 棉立枯病症状

图3-2 棉炭疽病症状

图3-4 棉红腐病症状（2）

图3-5 黄色网纹型枯萎病症状

图3-6 黄化型枯萎病症状

图3-7 紫红型枯萎病症状

图3-8 凋萎型枯萎病症状

图3-9 矮缩型枯萎病症状(1)

图3-10 维管束变为黑褐色

图3-12 黄萎病症状

图3-13 维管束变为褐色

图3-14 普通型黄萎病症状(1)

图3-16 落叶型黄萎病症状

图3-17 棉铃疫病症状

图3-18 棉炭疽病症状

图3-19 棉红腐病症状

图3-20 棉红粉病症状

图3-21 棉黑果病症状

图4-2 玉米大斑病症状（2）

图4-4 玉米小斑病症状（2）

图4-6 玉米灰斑病症状（2）

图4-7 弯孢菌叶斑病症状

图4-8 瘤黑粉病症状（1）

图4-12 丝黑穗病症状

图4-13 茎基腐病症状（1）

图4-16 纹枯病症状（1）

图4-20 玉米粗缩病症状（2）

图4-22 玉米矮花叶病症状（2）

图5-1 菌核病症状（1）

图5-3 菌 核

图5-4 油菜霜霉病症状（1）

图5-8 油菜病毒病（白菜型）

图5-9 油菜病毒病（甘蓝型）

图5-10 油菜病毒病（芥菜型）

图5-12 油菜白锈病症状

图6-2 二化螟成虫

图6-3 二化螟幼虫

图6-5 三化螟成虫

图6-6 三化螟幼虫

图6-8 三化螟蛹

图6-9 大螟成虫

图6-10 大螟幼虫

图6-11 大螟蛹

图6-14 稻纵卷叶螟成虫

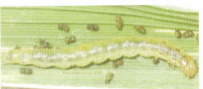
图6-15 稻纵卷叶螟幼虫

图6-16　稻纵卷叶螟蛹

图6-27　褐飞虱为害状（2）

图6-28　白背飞虱为害状（1）

图6-30　灰飞虱为害状

图6-31　稻蓟马成虫

图6-33　稻水象甲成虫

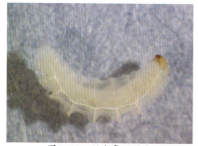

图6-34　稻水象甲幼虫

图7-2　麦二叉蚜

图7-3　麦长管蚜（1）

图7-7　麦禾谷缢管蚜（3）

图7-10　麦红吸浆虫成虫

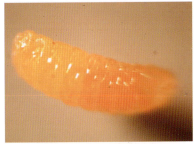
图7-11　麦红吸浆虫幼虫

图7-12　麦黄吸浆虫成虫

图7-15　麦黄吸浆虫蛹

图7-22　黏虫成虫

图7-24　黏虫幼虫（2）

图7-25 华北大黑鳃金龟

图7-26 暗黑鳃金龟

图7-27 铜绿丽金龟

图7-31 金针虫成虫

图7-32 金针虫幼虫

图8-3 棉铃虫成虫

图8-5 棉铃虫幼虫(1)

图8-8 棉铃虫蛹

图8-12 棉红铃虫成虫

图8-13 棉红铃虫幼虫

图8-15 棉叶螨成螨和卵（2）

图8-17 绿盲蝽

图8-18 三点盲蝽

图8-19 中黑盲蝽

图8-20 苜蓿盲蝽

图9-1 玉米螟成虫

图9-2 玉米螟幼虫　　　　图9-5 玉米螟蛹

图9-14 地老虎成虫　　　图9-15 地老虎幼虫

图9-17 地老虎蛹　　　　图9-19 有翅孤雌蚜

图9-20 无翅孤雌蚜　　　图9-23 甜菜夜蛾成虫

图9-24 甜菜夜蛾幼虫

图9-26 甜菜夜蛾蛹

图9-32 蓟马成虫

图9-33 蓟马若虫

图10-2 油菜潜叶蝇成虫

图10-3 油菜潜叶蝇幼虫

图10-6 菜粉蝶成虫

图10-8 菜粉蝶幼虫

图10-9 菜粉蝶蛹

图10-10 小菜蛾成虫

图10-11 小菜蛾幼虫

图10-13 小菜蛾蛹

图10-15 黄曲条跳甲成虫

图10-16 黄曲条跳甲幼虫

图10-19 菜蝽成虫

图10-20 菜蝽若虫

安徽现代农业职业教育集团
服务"三农"系列丛书

Nongzuowu Bingchongcaohai Fangzhi Shiyong Jishu

农作物病虫草害防治实用技术

黄保宏　张轶辉　编著

图书在版编目(CIP)数据

农作物病虫草害防治实用技术/黄保宏,张轶辉编著.—合肥:安徽大学出版社,2014.1
(安徽现代农业职业教育集团服务"三农"系列丛书)
ISBN 978-7-5664-0672-9

Ⅰ.①农… Ⅱ.①黄… ②张… Ⅲ.①作物—病虫害防治方法 ②作物—除草 Ⅳ.①S43②S45

中国版本图书馆 CIP 数据核字(2013)第 302098 号

农作物病虫草害防治实用技术

黄保宏　张轶辉　编著

出版发行	北京师范大学出版集团 安徽大学出版社 (安徽省合肥市肥西路3号 邮编230039) www.bnupg.com.cn www.ahupress.com.cn	
印　刷	中国科学技术大学印刷厂	
经　销	全国新华书店	
开　本	148mm×210mm	
印　张	7.5	
字　数	213千字	
版　次	2014年1月第1版	
印　次	2014年1月第1次印刷	
定　价	20.00元	

ISBN 978-7-5664-0672-9

策划编辑:李　梅　武溪溪	装帧设计:李　军
责任编辑:武溪溪	美术编辑:李　军
责任校对:程中业	责任印制:赵明炎

版权所有　侵权必究

反盗版、侵权举报电话:0551—65106311
外埠邮购电话:0551—65107716
本书如有印装质量问题,请与印制管理部联系调换。
印制管理部电话:0551—65106311

丛书编写领导组

组　长	程　艺
副组长	江　春　　周世其　　汪元宏　　陈士夫
	金春忠　　王林建　　程　鹏　　黄发友
	谢胜权　　赵　洪　　胡宝成　　马传喜
成　员	刘朝臣　　刘　正　　王佩刚　　袁　文
	储常连　　朱　彤　　齐建平　　梁仁枝
	朱长才　　高海根　　许维彬　　周光明
	赵荣凯　　肖扬书　　李炳银　　肖建荣
	彭光明　　王华君　　李立虎

丛书编委会

主　任	刘朝臣　　刘　正
成　员	王立克　　汪建飞　　李先保　　郭　亮
	金光明　　张子学　　朱礼龙　　梁继田
	李大好　　季幕寅　　王刘明　　汪桂生

丛书科学顾问

（按姓氏笔画排序）

王加启　张宝玺　肖世和　陈继兰　袁龙江　储明星

序

解决"三农"问题,是农业现代化乃至工业化、信息化、城镇化建设中的重大课题。实现农业现代化,核心是加强农业职业教育,培养新型农民。当前,存在着农民"想致富缺技术,想学知识缺门路"的状况。为改变这个状况,现代农业职业教育必然要承载起重大的历史使命,着力加强农业科学技术的传播,努力完成培养农业科技人才这个长期的任务。农业科技图书是农业科技最广博、最直接、最有效的载体和媒介,是当前开展"农家书屋"建设的重要组成部分,是帮助农民致富和学习农业生产、经营、管理知识的有效手段。

安徽现代农业职业教育集团组建于2012年,由本科高校、高职院校、县(区)中等职业学校和农业企业、农业合作社等59家理事单位组成。在理事长单位安徽科技学院的牵头组织下,集团成员牢记使命,充分发掘自身在人才、技术、信息等方面的优势,以市场为导向、以资源为基础、以科技为支撑、以推广技术为手段,组织编写了这套服务"三农"系列丛书,全方位服务安徽"三农"发展。本套丛书是落实安徽现代农业职业教育集团服务"三农"、建设美好乡村的重要实践。丛书的编写更是凝聚了集体智慧和力量。承担丛书编写工作的专家,均来自集团成员单位内教学、科研、技术推广一线,具有丰富的农业科技知识和长期指导农业生产实践的经验。

农作物病虫草害防治实用技术

丛书首批共22册,涵盖了农民群众最关心、最需要、最实用的各类农业科技知识。我们殚精竭虑,以新理念、新技术、新政策、新内容,以及丰富的内容、生动的案例、通俗的语言、新颖的编排,为广大农民奉献了一套易懂好用、图文并茂、特色鲜明的知识丛书。

深信本套丛书必将为普及现代农业科技、指导农民解决实际问题、促进农民持续增收、加快新农村建设步伐发挥重要作用,将是奉献给广大农民的科技大餐和精神盛宴,也是推进安徽省农业全面转型和实现农业现代化的加速器和助推器。

当然,这只是一个开端,探索和努力还将继续。

安徽现代农业职业教育集团
2013年11月

前 言

做好农作物病虫草害的防治工作,是夺取农业丰收,保障农业高产、稳产和优质的关键环节之一。近年来,随着农业结构调整、生产条件的改善、农业技术的发展,以及对病虫草害提出的防治要求越来越高,生物防治技术、生态控制技术和无公害化学防治技术得到了快速的推广和应用。这就向新型农民以及基层农业科技工作者开展农作物病虫草害防治工作提出了新的挑战,也为他们不断更新知识、更新观念、掌握植物保护新技术、更好地为农业生产服务提供了新的机遇。

本书的编写顺应了当前社会主义新农村建设对科技工作的新要求,是科技支撑新农村建设的有效途径,也是践行服务"三农"和"科技惠农"的一次有意义的尝试。

本书主要针对水稻、小麦、棉花、玉米和油菜等安徽省五大农作物的主要病虫草害,重点介绍了这些作物病虫草害的发生为害症状识别、发生规律特点和综合防治技术等实用知识和技术,旨在解决当前农作物保护中的突出问题。为方便广大农民识别主要病、虫、草,本书提供了大量相关图片。本书内容丰富,通俗易懂,实践性和实用性强。本书可作为现代农业职业教育、农村新型农民培训以及从事植物保护的基层科技人员培训的实用教材,也可作为农业行业职业技能鉴定的参考书籍。

因编写时间仓促,编者水平有限,书中难免存在不足之处,敬请读者批评指正。

编 者

2013 年 11 月

目 录

第一章 水稻病害防治技术 ………………………… 1
 一、稻瘟病 ……………………………………………… 1
 二、稻纹枯病 …………………………………………… 5
 三、稻白叶枯病 ………………………………………… 8
 四、稻曲病 ……………………………………………… 11
 五、稻细菌性基腐病 …………………………………… 13
 六、水稻病毒病 ………………………………………… 15

第二章 小麦病害防治技术 ………………………… 19
 一、小麦锈病 …………………………………………… 19
 二、小麦白粉病 ………………………………………… 22
 三、小麦赤霉病 ………………………………………… 23
 四、小麦散黑穗病 ……………………………………… 26
 五、小麦纹枯病 ………………………………………… 27
 六、小麦胞囊线虫病 …………………………………… 29
 七、小麦黄矮病 ………………………………………… 31
 八、小麦雪霉叶枯病 …………………………………… 32

第三章 棉花病害防治技术 ………………………… 34
 一、棉花苗期病害 ……………………………………… 34

二、棉花枯萎病和黄萎病 ·· 38
三、棉铃病害 ·· 44

第四章 玉米病害防治技术 ·· 48
一、玉米大斑病和小斑病 ·· 48
二、玉米灰斑病和弯孢菌叶斑病 ·· 50
三、玉米瘤黑粉病和丝黑穗病 ·· 52
四、玉米茎基腐病 ·· 55
五、玉米纹枯病 ·· 57
六、玉米病毒病 ·· 60

第五章 油菜病害防治技术 ·· 63
一、油菜菌核病 ·· 63
二、油菜霜霉病 ·· 65
三、油菜病毒病 ·· 67
四、油菜白锈病 ·· 70
五、油菜猝倒病 ·· 72

第六章 水稻虫害防治技术 ·· 75
一、水稻螟虫 ·· 76
二、稻纵卷叶螟 ·· 80
三、稻飞虱 ·· 83
四、稻蓟马 ·· 89
五、稻水象甲 ·· 91

第七章 小麦虫害防治技术 ·· 94
一、麦蚜 ·· 94
二、小麦吸浆虫 ·· 99
三、麦蜘蛛 ·· 103

四、黏虫 ………………………………………………… 105
　　五、地下害虫 …………………………………………… 109

第八章　棉花虫害防治技术 ………………………………… 115
　　一、棉蚜 ………………………………………………… 115
　　二、棉铃虫 ……………………………………………… 118
　　三、棉红铃虫 …………………………………………… 123
　　四、棉叶螨 ……………………………………………… 126
　　五、棉盲蝽 ……………………………………………… 129

第九章　玉米虫害防治技术 ………………………………… 135
　　一、玉米螟 ……………………………………………… 135
　　二、地老虎 ……………………………………………… 140
　　三、玉米蚜 ……………………………………………… 144
　　四、甜菜夜蛾 …………………………………………… 147
　　五、东亚飞蝗 …………………………………………… 150
　　六、蓟马 ………………………………………………… 153
　　七、黏虫 ………………………………………………… 157
　　八、棉铃虫 ……………………………………………… 157

第十章　油菜虫害防治技术 ………………………………… 158
　　一、油菜蚜虫 …………………………………………… 158
　　二、油菜潜叶蝇 ………………………………………… 161
　　三、菜粉蝶 ……………………………………………… 163
　　四、小菜蛾 ……………………………………………… 166
　　五、黄曲条跳甲 ………………………………………… 169
　　六、菜蝽 ………………………………………………… 172

第十一章 水稻草害防治技术 175
一、水稻田主要杂草种类和形态识别 175
二、水稻田主要杂草发生规律 183
三、水稻田杂草防治技术 185

第十二章 小麦草害防治技术 189
一、小麦田主要杂草种类和形态识别 189
二、小麦田主要杂草发生规律 194
三、小麦田杂草防治技术 195

第十三章 棉花草害防治技术 198
一、棉花田主要杂草种类和形态识别 198
二、棉花田主要杂草发生规律 202
三、棉花田杂草防治技术 203

第十四章 玉米草害防治技术 208
一、玉米田主要杂草种类和形态识别 208
二、玉米田主要杂草发生规律 211
三、玉米田杂草防治技术 212

第十五章 油菜草害防治技术 215
一、油菜田主要杂草种类和形态识别 215
二、油菜田主要杂草发生规律 218
三、油菜田杂草防治技术 219

参考文献 225

第一章
水稻病害防治技术

水稻是我国主要的粮食作物之一,全国水稻种植面积在各农作物中居于首位,约占全国耕地面积的 1/4,年产量约占全国粮食总产量的 40%。

水稻病害严重地影响着我国的水稻生产。据报道,水稻病害有 100 多种,我国正式记载的有 70 多种,其中,危害较大的有 20 多种。目前,从全国来看,稻瘟病、白叶枯病和纹枯病仍然是水稻的三大病害,均具有发生面积大、流行性强、危害严重的特点。

近年来,稻曲病的发生日趋严重,在某些地区已成为水稻的第一大病害。该病害不仅影响水稻产量,而且影响水稻品质,威胁着人类健康。胡麻斑病是一种常发性稻病,在各稻区普遍发生。条纹叶枯病近几年在我国各稻区也有爆发,造成的损失较大。

一、稻瘟病

目前,稻瘟病是世界性分布、危害最重的水稻病害之一,尤其在东南亚各国、日本、韩国、印度和我国发生特别严重。在流行年份,一般发病田块水稻产量损失为 10%～30%,如不及时防治,局部田块会颗粒无收。

1. 症状识别

稻瘟病在整个水稻生育期都有发生,根据受害时期和部位不同,可分为苗瘟、叶瘟、叶枕瘟、节瘟、穗瘟、穗颈瘟、枝梗瘟和谷粒瘟等。

（1）苗瘟 苗瘟发生在3叶期以前。初期在芽和芽鞘上出现水渍状斑点，随后病苗基部变成黑褐色，上部呈黄褐色或淡红色，严重时病苗枯死。天气潮湿时，病部可长出灰绿色霉层。

图1-1 苗瘟症状

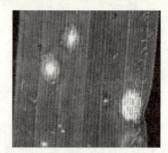
图1-2 白点型叶瘟症状

（2）叶瘟 叶瘟发生在3叶期以后。病斑症状分为白点型、急性型、慢性型和褐点型等4种类型。

①白点型：病斑呈白色，多为圆形，不产生分生孢子。常发生在感病品种的幼嫩叶片上。

②急性型：病斑呈暗绿色，多数为近圆形，有针头至绿豆大小，后逐渐发展为纺锤形。水稻叶片正反两面密生灰绿色霉层。

图1-3 急性型叶瘟症状

图1-4 慢性型叶瘟症状

③慢性型：典型的慢性型病斑呈梭形或纺锤形，最外层为黄色中毒部，内圈为褐色坏死部，中央为灰白色崩溃部，病斑两端有向外延伸的褐色坏死线。湿度大时，病斑背面也产生灰绿色霉层。

④褐点型:病斑为褐色小点,多局限于叶脉间,中央为褐色坏死部,外围为黄色中毒部,无分生孢子,常发生在感病品种或稻株下部老叶上。

(3)节瘟 节瘟的发病时期多在 7 月下旬到 8 月上旬。节瘟主要发生在穗颈下第 1~2 节上,初为褐色或黑褐色小点,以后扩大至整个节部。潮湿时,节上生出灰绿色霉层,易折断,谷粒不饱满;节瘟发生早而重时,亦可造成白穗。

图 1-5 褐点型叶瘟症状

图 1-6 节瘟病株

(4)穗颈瘟和枝梗瘟 穗颈瘟和枝梗瘟发生于穗颈、穗轴和枝梗上。病斑初呈水渍状浅褐色小点,后逐渐围绕穗颈、穗轴和枝梗向上下扩展,病部常呈黄白色、褐色或黑色。穗颈早期发病时多形成白穗,晚期受害时籽粒不饱满,造成秕谷,影响产量。此病多发生于 7 月下旬到 8 月末。

图 1-7 穗颈瘟症状(1)

图 1-8 穗颈瘟症状(2)

2. 发病特点

(1)病菌以菌丝体和分生孢子在病稻草、病谷上越冬。翌年,越冬菌源产生分生孢子,主要通过风雨传播引起初侵染,分生孢子萌发后直接侵入水稻,并引起再侵染。病稻草和病谷是翌年病害的主要初侵染来源。

(2)品种抗性：籼稻较粳稻抗病,籼稻抗扩展,粳稻抗侵入；苗期、分蘖盛期、抽穗初期的水稻易感病。

(3)气温在20～30℃、田间湿度在90%以上,稻株表面覆有水膜6～10小时时稻瘟病就易发生；低温、多雨和日照不足时,病害发生严重。

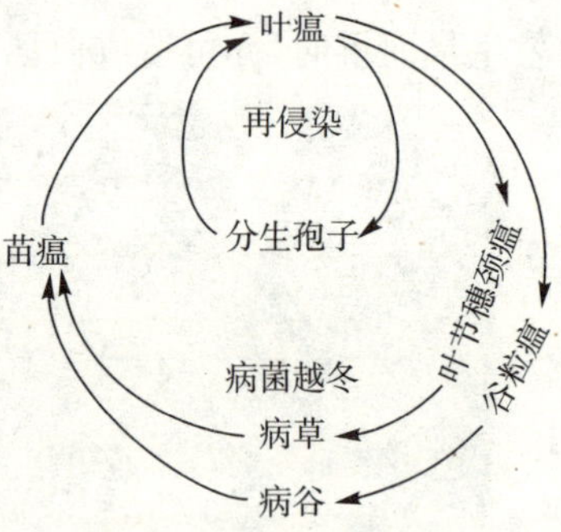

(4)氮肥施用过量或偏迟,长期深灌,种植布局不合理,感病品种连片种植,品种生育期参差不齐,晒田不足或过度等都易造成病害发生。

图1-9 稻瘟病发病周期

3. 防治技术

水稻病害的防治以种植高产抗病品种为基础,以减少菌源为前提,以加强保健栽培为关键,以药剂防治为辅助。

(1)种植抗病品种 种植吉粳57、吉粳60、京引127和龙粳8号等抗病品种。

(2)减少初侵染来源

①不用带病种子。

②处理病稻草：收获时,将稻草和谷物尽量分开堆放。室外病稻草应在春播前处理完毕,不用病稻草催芽和扎秧苗。用作堆肥和垫栏的病稻草,应在腐熟后施用。

③种子消毒：用1%石灰水浸种,浸种温度为15～20℃时浸3

天,25℃时浸2天,并保持水层深20厘米左右;用20%三环唑可湿性粉剂500倍药液浸种24小时;用50%多菌灵可湿性粉剂800倍药液浸种48~72小时。

(3)改进栽培方式,加强水肥管理

①抗感间作:将高感品种与抗病品种间隔一定距离种植,可减轻病害80%~90%。

②合理施肥:将氮、磷、钾肥配合施用,施足基肥,早施追肥,中后期看苗、看天、看田酌情施肥。注意不偏施和过多施用氮肥,适当施用草木灰、矿渣等含硅酸的肥料。绿肥用量不宜超过45000千克/公顷,并适量施用石灰,加速绿肥腐烂。

③灌水与施肥密切配合:合理排灌,以水调肥,促控结合。

(4)药剂防治 早抓叶瘟,狠治穗瘟。防治苗瘟一般在秧苗3~4叶期或移栽前5天施药;叶瘟要连防2~3次;穗瘟要重点在抽穗期进行防治,其中孕穗期和齐穗期是最佳防治时期,第1次喷施杀菌剂可在破口至始穗期,然后根据天气情况在齐穗期施第2次药。

①三环唑:三环唑是防治稻瘟病专用的、具有预防保护作用且内吸性强的杀菌剂。在叶瘟初期或始穗期进行叶面喷雾,喷施1小时后遇雨也不需补喷。将洗净的秧苗根部浸泡在药液中10分钟,取出沥干后立即栽插,可防治苗瘟,也可预防早期叶瘟发生。

②其他药剂:其他药剂有稻瘟灵、40%克瘟散、嘧菌胺、13%三环唑·春雷霉素和70%甲基托布津等。

二、稻纹枯病

水稻纹枯病属于高温高湿型病害,是水稻的重要病害之一。在我国,随着矮秆多蘖品种和水肥的大量使用,纹枯病的发生日趋严重。近几年,该病年发生面积为1500万~2000万公顷,每年损失稻谷约60亿千克,占水稻病虫害损失的40%~50%。目前,纹枯病已成为我国发生面积最大的一种水稻病害。水稻发病后叶片枯死,结实率下降,千粒重减轻,秕谷增多,一般减产10%～30%,严重时减产50%以上。

1. 症状识别

水稻从苗期到穗期都会发生纹枯病,以分蘖盛期到穗期受害较重,尤其在抽穗期前后受害最重。纹枯病主要为害基部叶鞘,也可为害叶片。

叶鞘发病时,先在近水面处出现水渍状、暗绿色、边缘不清楚的小病斑,以后逐渐扩大成椭圆形或云纹状的病斑,最后病斑中部呈草黄色至灰白色,边缘呈褐色至暗褐色,经常几个病斑相互连接成云纹状大斑块。

叶片上的病斑与叶鞘相似,但形状不规则。水稻受害较重时,常不能抽穗,造成"胎里死"或全穗枯死。

在阴雨多湿的条件下,病部先长出白色或灰白色的蛛丝状菌丝体,然后常形成白色绒球状菌丝团,最后变成褐色坚硬菌核,且以少数菌丝缠结在病组织上,很易脱落。

图1-10　稻纹枯病症状

诊断要点:病斑为云纹状,后期病部生鼠粪状菌核。

图1-11　云纹状病斑

图1-12　鼠粪状菌核

2. 发病特点

（1）水稻纹枯病属于高温高湿病害。当日平均气温稳定在22℃又有雨湿时，病害开始发生；日平均气温为23～25℃并伴有雨湿的情况下，病情缓慢扩展；日平均气温为28～32℃和空气相对湿度大于97％时，病情扩展最快。

（2）分蘖盛期至孕穗期病害以水平扩展为主，增加病丛率及病株数；抽穗期后以垂直扩展为主，增加严重度。在稻株抽穗时的前10天，病害达最高峰。

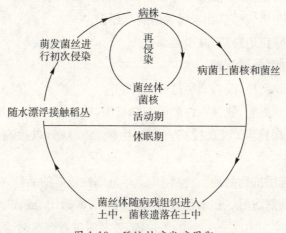

图1-13 稻纹枯病发病周期

（3）水稻纹枯病病菌主要以菌核在土壤中越冬，也能以菌丝和菌核在病稻草、田边杂草和其他寄主上越冬。收割水稻时大量菌核落入田间，成为次年或下季的主要初侵染源。病菌以气生菌丝蔓延至附近叶鞘、叶片或邻近的稻株和灌溉水，在田间传播，进行再侵染。

（4）凡偏施或过量集中追施氮肥的稻田，稻株叶片柔嫩，浓绿披垂，株间密不透风，湿度过大，易导致菌丝蔓延扩展，侵染发病。施足基肥，配施磷、钾肥，适时适量追肥可提高稻株的抗病性。

（5）深灌、漫灌和串灌易导致菌丝生长、侵染和菌核漂移，加快病害传播。浅水勤灌,湿润灌溉,够苗后及时排水露田晒田,可有效地抑制病害蔓延。

3. 防治技术

稻纹枯病的防治采取以农业防治为基础,加强栽培管理,结合发病期适时施用化学农药和生物防治制剂的综合防治措施。

(1)清除菌源

①打捞"浪渣":在秧田或本田翻耕灌水耙平时,及时打捞浮在水面上的混有菌核的"浪渣",并带到田外烧毁或深埋。

②避免将病稻草和未腐熟的病草还田。

③铲除田边杂草,减少菌源。

(2)加强栽培管理

①合理密植,改善通风透光条件。

②合理施肥,氮、磷、钾肥要配合施用,做到"控氮保磷增钾"。

③合理排灌,以水控病,前浅、中晒、后湿润,以提高水稻的抗病力。

(3)选用抗病品种 种植 IR64 等抗病性较好的品种。

(4)药剂防治 在水稻分蘖末期丛发病率达5%或拔节期至孕穗期丛发病率为10%~15%的田块,需要及时进行药剂防治。

①在水稻封行至抽穗期间,或病情盛发初期,针对稻株中、下部兑水喷施 67.5~75.0 克/公顷井冈霉素,共喷 1~3 次,每次间隔 10~15 天。

②其他药剂有丙环唑、纹枯灵、嘧菌酯、满穗和安福等。

三、稻白叶枯病

水稻白叶枯病是世界性细菌病害,尤其在日本、印度、中国等国家发生较重。在我国,以华南、华中和华东稻区发生普遍且严重。水稻受害后,叶片干枯,秕谷增加,米质下降,一般减产 10%~30%,严重时可减产50%以上,个别田块甚至会绝产。

1. 症状识别

水稻白叶枯病在水稻全生育期都可发生,在大田中一般于孕穗至抽穗期发病。水稻白叶枯病一般具有以下几种症状类型。

(1)叶枯型 发病多从叶尖或叶缘开始,初为暗绿色水渍状短侵染线,后沿叶脉从叶缘或中脉迅速向下加长加宽而扩展成黄褐色,最后条斑从黄褐色转为灰白色(籼稻)或黄白色(多见于粳稻),可达叶片基部和整个叶片。病健组织交界明显,呈波纹状(粳稻)或直线状(籼稻)。湿度大时,病部易见蜜黄色珠状菌脓。

诊断要点:病斑沿叶缘坏死,呈倒"V"字形斑,边缘呈波纹状,病部有黄色菌脓溢出,干燥时形成菌胶。

(2)急性型 急性型白叶枯病常发生在多肥、深灌、高温、闷热、连阴雨多的环境条件下或感病品种上。病叶先呈暗绿色,随后迅速扩展,呈青灰色或灰绿色,随即迅速失水纵卷青枯,病部也有蜜黄色珠状菌脓。

(3)中脉型 从分蘖至孕穗阶段,中脉型白叶枯病在剑叶下1~3叶中脉发生,病斑呈淡黄色,沿中脉逐渐向上下延伸,并向全株扩展,成为发病中心,且水稻常在抽穗前便枯死。

图1-14 叶枯型白叶枯病症状

图1-15 中脉型白叶枯病症状

(4)凋萎型 凋萎型白叶枯病多在杂交稻及一些高感品种上发生,且多在秧田后期至拔节期发生。病株心叶或心叶下 1~2 叶先呈现失水、青枯症状,随后其他叶片相继青枯。病轻时仅 1~2 个分蘖青枯死亡;病重时整株整丛枯死。折断病株茎基部并用手挤压时,有大量黄色菌脓溢出;剥开刚刚青卷的枯心叶,也常见叶面有黄色珠状菌脓。

2.发病特点

(1)带菌谷种和病稻草是白叶枯病的主要初侵染源,老病区以病稻草传病为主,新病区以带菌谷种传病为主。

(2)菌脓随流水传播到秧苗上,从叶的水孔和伤口、茎基和根部的伤口以及芽鞘或叶鞘基部的变态气孔侵入,且通过灌溉水和雨水传播。

(3)一般糯稻的抗病性最强,粳稻次之,籼稻最弱。籼稻品种间的抗病性有明显差异。同一品种通常在分蘖期前较抗病,在孕穗期和抽穗期最易感病。

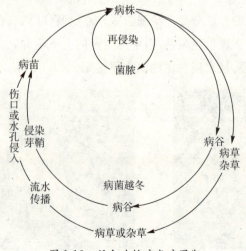

图 1-16 稻白叶枯病发病周期

(4)一般气温为 25~30℃时发病最盛,20℃以下和 33℃以上时病菌受到抑制。适温、多雨和日照不足易导致发病,特别是台风、暴雨或洪涝易导致病菌的传播和侵入,更易引起病害爆发流行。地势低洼、排水不良或沿江河一带的地区发病较重。

(5)病害一般在以中稻为主的地区和混栽的地区易于流行,而纯双季稻区的病害发生较轻。

3.防治技术

在控制菌源的前提下,以种植抗病品种为基础,以秧苗防治为关键,狠抓肥水管理,辅以药剂防治。

(1)避免种子传病 严格做好种子消毒工作,防止带菌种子传入无病区。

(2)种子消毒方法

①用 20%叶枯唑 500~600 倍液浸种 24~48 小时。

②用中生菌素 100 毫克/千克浸种 48 小时。

③用农用链霉素 200 单位浸种 24 小时。

四、稻曲病

稻曲病,俗称"丰收病",通常在晚稻上发生,尤其在糯稻上发生较多。随着一些矮秆紧凑型水稻品种的推广以及施肥水平的提高,此病发生越来越严重。病穗的空瘪粒显著增加。水稻发病后一般会减产 5%~10%,严重时减产 50%以上,谷粒发病率为 0.2%~0.4%,严重时可达 5%以上。

1.症状识别

稻曲病主要在水稻抽穗扬花期发生,主要为害稻穗中下部的谷粒。病菌侵入谷粒后,在颖壳内形成菌丝块,并逐渐膨大,导致病粒的内部组织被破坏,先从内、外颖壳缝隙处露出淡黄色带青色的小型块状突起物,后期包裹整个颖壳,形成比正常谷粒大3~4倍、表面光滑的近球体的颗粒。颗粒初呈黄色,后转变为墨绿色或橄榄色,外包一层薄膜,最后表面龟裂,散出墨绿色粉状物,有毒。孢子座表面可产生黑色、扁平、硬质的菌核。

稻曲病的诊断要点是一穗中仅几粒或十几粒变成稻曲病粒,病粒比健粒大3~4倍,呈黄绿色或墨绿色,状似黑粉病粒。

图1-17 稻曲病症状(1)

图1-18 稻曲病症状(2)

2.发病特点

(1)稻曲病以菌核在地面越冬,第二年7~8月份开始抽生孢子座,上生子囊壳,其内产生大量子囊孢子;厚垣孢子也可在病粒内及健谷颖壳上越冬,可随时萌发产生分生孢子;子囊孢子和分生孢子都可借气流传播,侵害花器和幼颖,并形成孢子座。在安徽稻区,常以早稻上的厚垣孢子为再次侵染源侵染晚稻。病粒一般在水稻扬花末期至灌浆初期出现。

(2)水稻在抽穗期、扬花期遇到低温、多雨、寡日照天气时,易导致稻曲病发生。

(3)水稻品种间的抗性有较明显差异。抗病性一般表现为:早熟>中熟>晚熟,糯稻>籼稻>粳稻。

(4)在花期、穗期追肥过多的田块发病较重;高密度和多栽苗的田块发病重于低密度和少栽苗的田块。

3. 防治技术

稻曲病的防治以抗病育种为主,以化学防治为辅,注意适期用药,合理调节农业栽培措施。

(1)选育和利用抗病品种

(2)加强栽培管理 发病田中的水稻收割后要深翻晒田;建立无病留种田,播种前及时清除病残体;合理施用氮、磷、钾肥,施足基肥,巧施穗肥,适量施用硅肥;合理密植,适时移栽,勤灌浅灌。

(3)种子处理 用40%多菌灵胶悬剂350倍液浸种48小时以上,可减少侵染源。也可用50%苯菌灵可湿性粉剂500~800倍液浸种,然后直接播种。这些处理措施可兼防稻苗瘟、稻恶苗病。

(4)药剂防治 使用井冈霉素、18%纹曲清、50%稻后安和络氨铜等,在破口抽穗前5~7天喷雾。应注意,在穗期用药时要保证稻穗的安全性。

五、稻细菌性基腐病

稻细菌性基腐病在分蘖期至拔节期可造成稻株枯死,在水稻孕穗后引起枯孕穗、半枯穗和枯穗,严重影响产量。

1. 症状识别

水稻受害后根节及基部节间变黑腐烂;将水稻拔起来,可闻到根茎基部有恶臭味;心叶枯死或叶鞘枯死。

图1-19 稻细菌性基腐病症状(1)

图1-20 稻细菌性基腐病症状(2)

2. 发病特点

(1)病菌可在病稻草、病稻桩和杂草上越冬。病菌主要从根部或茎基部伤口侵入,造成系统感染。在分蘖末期烤田过度时易发此病。地势低、通气性差的黏重土壤上发病重。

(2)大田发病一般有3个明显高峰:分蘖期进入第1次发病高峰,以"枯心型"病株为主;孕穗期为第2次发病高峰,以"剥死型"病株为主;抽穗灌浆期为第3次发病高峰,以"青枯型"病株为主。继后出现枯孕穗、白穗等症状。

图1-21 稻细菌性基腐病症状(3)

3. 防治技术

(1)选用抗病品种 选用IR26、汕优36号、汕优63号、二九青、盐粳2号和武育粳2号等较抗病品种。

(2)种子处理 播种前可用灭菌成1000倍液浸种24~48小时,或用80%抗菌剂402的2000倍液浸种48小时,进行种子消毒,效果显著。

(3)药剂蘸根 用80%抗菌剂402的1000倍液浸泡苗根约25分钟,或在插秧前进行苗期杀菌,喷施50%氯溴异氰尿酸500倍液或21%稻病立克水剂300~500倍液。

(4)本田喷雾 对于发病田,先排干田间水,用20%龙克菌悬浮剂 2250 克/公顷、20%叶青双可湿性粉剂 1500 克/公顷、50%灭菌成可溶性粉剂 750 克/公顷、21%稻病立克水剂 500 倍液进行治疗,且施药后 5 天内不得上水。

(5)**本田期合理施用氮肥** 不要过量施氮,适当增加钾肥用量,可提高水稻的抗病力。

六、水稻病毒病

全世界有水稻普通矮缩病、条纹叶枯病、黑条矮缩病和黄矮病等 17 种水稻病毒病。我国水稻病毒病主要分布在长江以南各省市,其中以普通矮缩病和黄矮病发生较为普遍。

1. 稻条纹叶枯病

稻条纹叶枯病是由水稻条纹叶枯病毒引起、由灰飞虱传毒的世界性病害,近年来在我国发生较为严重,已经成为水稻生产上的重要病害。2004 年在全国发生大流行,发病面积达 310 多万公顷,损失严重。

(1)**症状识别**

①苗期发病:病株心叶基部出现褪绿黄白斑,以后沿叶脉扩展成与叶脉平行、断续的黄绿色或黄白色短条纹,最后常连成褪绿大片,使叶片一半或大半变成黄白色,但在其边缘部分仍呈现褪绿短条斑,条纹间仍保持绿色。

不同水稻品种的症状表现不同:糯稻、粳稻和高秆籼稻发病后心叶呈黄白色,柔软,卷曲下垂,成纸捻状"假枯心";矮秆籼稻发病后不呈枯心状,仍较正常,但出现黄绿相间条纹,分蘖减少,病株提早枯死。

②分蘖期发病:先在心叶下一叶基部出现褪绿黄斑,以后扩展形成不规则黄白色条斑,老叶不显病。籼稻品种不枯心,糯稻品种有半数表现出枯心。病株常出现枯孕穗,或穗小且畸形不实。

③拔节后发病:在剑叶下部出现黄绿色条纹,各类型稻均不枯心,但抽穗畸形,结实很少。

图1-22　稻条纹叶枯病症状(1)　　图1-23　稻条纹叶枯病症状(2)

(2)发病特点　带毒越冬的灰飞虱是条纹叶枯病的主要初侵染源,其次为越冬小麦、大麦等。

①水稻在苗期到分蘖期易感病。

②叶龄长则潜育期也较长,随着植株生长,水稻的抗性逐渐增强。

③条纹叶枯病的发生与灰飞虱发生量、带毒虫率有直接关系。

④春季气温偏高,降雨少,虫口多且发病重。

⑤稻、麦两熟区发病重,大麦、双季稻区发病轻。

(3)防治技术　稻条纹叶枯病的防治采取"切断毒源,治虫防病"的防治策略。

①治虫防病有2个关键时期:一是第1代成虫从麦田飞向早稻秧田及本田的迁飞初期;二是第3~4代成虫从早稻本田飞向晚稻田的迁飞初期。喷药治虫:于灰飞虱传毒前,用10%吡虫啉可湿性粉剂防治灰飞虱,具有较好效果。

②种植中国91、徐稻2号、宿辐2号等抗病品种。

③农业防治:在若虫孵化前铲除田边、路边、沟边杂草,以减少虫源、毒源。合理安排水稻品种,提倡连片种植和连片收割。

2. 水稻普通矮缩病

水稻普通矮缩病是由水稻普通矮缩病毒引起、主要由黑尾叶蝉传毒的世界性病害。

(1) 症状识别 水稻在苗期至分蘖期感病后,植株矮缩,分蘖增多,叶片呈浓绿色,僵直,生长后期病稻不能抽穗结实。病叶症状表现为 2 种类型:一是白点型,在叶片或叶鞘上出现与叶脉平行的虚线状黄白色点条斑,以基部最明显。始病叶以上新叶都出现点条斑,始病叶以下老叶一般不出现点条斑。二是扭曲型,在光照不足情况下,心叶抽出呈扭曲状,随着心叶伸展,叶片边缘出现波状缺刻,色泽淡黄。孕穗期发病后,多在剑叶叶片和叶鞘上出现白色点条斑,穗颈缩短,形成包颈穗或半包颈穗。

图 1-24 水稻矮缩病健株与病株比较

图 1-25 水稻矮缩病症状

(2) 发病特点 水稻矮缩病毒以黑尾叶蝉传播为主,且带菌叶蝉能终生传毒,可经卵传染。黑尾叶蝉在病稻上获毒后需经一段循回期才能传毒,水稻感病后需经一段潜育期才显症。病毒在黑尾叶蝉体内越冬,黑尾叶蝉在看麦娘上以若虫形态越冬,翌春羽化迁回稻田为害。早稻收割后,迁至晚稻上为害;晚稻收获后,迁至看麦娘等禾本科植物上越冬。水稻在分蘖期前较易感病。冬春暖、伏秋旱易导致发病。稻苗嫩、虫源多时发病重。

(3)防治技术

①选用国际 26 等抗(耐)病品种。

②成片种植,防止黑尾叶蝉在早稻、晚稻和不同熟性品种上传毒。

③加强管理,促进稻苗早发,提高抗病能力。

④推广化学防除看麦娘等杂草的技术,减少越冬虫源。

⑤治虫防病。及时防治在稻田繁殖的第 1 代若虫,并抓住黑尾叶蝉迁入双季晚稻秧田和本田的高峰期,把虫源消灭在传毒前。可选用 25% 噻嗪酮可湿性粉剂 375 克/公顷、35% 速虱净乳油 1500 毫升/公顷或 25% 速灭威可湿性粉剂 1500 克/公顷,兑水 750 升喷洒,每隔 3~5 天喷洒 1 次,连防 1~3 次。

图 1-26 黑尾叶蝉

第二章 小麦病害防治技术

小麦是我国主要的粮食作物之一,年种植面积达4.5亿亩[①]次,仅次于水稻,位居第二。小麦种植面积大、分布广、产量高,以冬麦为主。近年来,小麦的病害问题比较严重。

一、小麦锈病

锈病在中国各地的分布:条锈主要在西北、华北、淮北冬麦区、西南冬麦区和西北春麦区发生危害,在20世纪50～60年代期间发生频率高,损失大,导致饥荒;秆锈主要在东北、内蒙古春麦区和华东沿海冬麦区发生危害;叶锈主要在长江中下游麦区和四川、贵州麦区发生较多,近年来华北、东北麦区的发病率也有上升趋势。

3种锈病是典型的气传病害,可以远距离传播,具有大区域流行的特点;病害发展速度快、流行性强,再侵染次数多,属于典型的单年流行病害;锈病的危害大,造成的损失重,流行年份可减产20%～30%,大流行年份可造成绝收。

1. 症状识别

(1) 3种锈病的症状及共同特点 3种锈病均在发病部位长出夏

---

① 1亩约等于667米^2。

孢子堆,夏孢子堆呈铁锈状,冬孢子堆为黑色。

①条锈病:小麦条锈病主要发生在叶片上。小麦条锈病夏孢子堆呈近圆形,较大,不规则散生,主要发生在叶面,成熟时表皮开裂一圈,有别于叶锈病。

②叶锈病:叶锈病主要为害小麦叶片,产生疱疹状病斑,很少发生在叶鞘及茎秆上;叶锈病的夏孢子堆为圆形或长椭圆形,橘红色,比秆锈病的夏孢子堆小,比条锈病的夏孢子堆大,呈不规则散生。在初生夏孢子堆周围有时产生数个次生的夏孢子堆,一般多发生在叶片的正面,少数可穿透叶片。夏孢子堆成熟后表皮开裂一圈,散出橘黄色的夏孢子。冬孢子堆主要发生在叶片背面和叶鞘上,呈圆形或长椭圆形,黑色,扁平,排列散乱,但成熟时不破裂,有别于秆锈病和条锈病。

图 2-1　条锈病症状　　　图 2-2　叶锈病症状

③秆锈病:秆锈病主要发生在叶鞘和茎秆上,也为害叶片和穗部;秆锈病的夏孢子堆较大,呈长椭圆形,深褐色或褐黄色,排列不规则,散生,常连接成大斑,成熟后表皮易破裂,表皮大片开裂后向外翻成唇状,散出大量锈褐色粉末。小麦成熟时,在夏孢子堆及其附近出现黑色椭圆形或长条形冬孢子堆,不久后表皮破裂,散出黑色粉末状物。

(2)3 种锈病的区别方法　"条锈成行叶锈散,秆锈是个大红斑。"这句农谚很形象地把3种锈病区分开来。

图 2-3　秆锈病症状(1)

图 2-4　秆锈病症状(2)

2.发病特点

小麦锈病的病原菌主要从气孔侵入或直接侵入,且需要水滴。不同温度下病原菌的潜育期不同。

(1)病害循环(以条锈病为例)

越夏:当7～8月份旬均气温低于20℃时,病菌能安全越夏;20～22℃时,病菌越夏困难;大于23℃时,病菌不能越夏。

秋苗发病:离越夏基地越近、播种越早,则小麦发病越重、发病越早;相反,则发病轻、发病晚。

越冬:病菌以潜育菌丝在麦叶组织中安全越冬。

春季流行:锈病在春季是否流行主要取决于春季降雨量或结露情况。

(2)流行特点　首先出现单片病叶,以后形成发病中心,最后全田普发,发病早且重。

以外地菌源为主的流行特点:发病中后期呈爆发式流行;大面积同时发生,发展速度快;田间病叶分布均匀,多发生在植株上部。

3.防治技术

小麦锈病的防治采用以菌源基地治理和种植抗病品种为主,以药剂防治和栽培防治为辅的综合防治策略。

(1)种植抗病品种 选育和推广抗病品种,并合理布局。

(2)加强栽培管理 调节播期,合理密植;消灭自生麦苗;施足基肥,配合施用氮、磷、钾肥;合理灌水、排水,以改善农田小气候,增强植株的抗病能力。

(3)药剂防治 病害防治的重点是防治越冬区、越夏区及早期的菌源,封锁和消灭发病中心。可用20%粉锈宁乳油450~600毫升/公顷,兑水喷雾,对锈病有特效。麦丰灵可用于防虫治病(对锈病、白粉病有特效),且能抗干热风。用萎锈灵、多菌灵、托布津防治锈病也都有效。

二、小麦白粉病

小麦白粉病过去仅在我国西南各省和山东沿海地区发生较重。目前,白粉病已扩展到江淮、黄淮及全国主要产麦区。被害麦田一般减产5%~10%,严重的病田减产30%~50%。

1.症状识别

小麦白粉病在各生育期均可发生,主要为害中下部叶片,严重时也可为害叶鞘、茎秆和穗部的颖壳;叶面病斑多于叶背病斑,下部叶片较上部叶片受害重。典型症状为病部表面长出一层白色粉状霉层,后期霉层变为灰色至灰褐色,上面散生黑色小颗粒;霉层下面及周围寄主组织褪绿,病叶黄化、卷曲并枯死。

图 2-5 小麦白粉病症状

2. 发病特点

(1) 病害循环

越夏：白粉病菌是不耐高温的病菌。在安徽麦区，白粉病菌以分生孢子和菌丝体在自生麦苗上侵染和安全越夏，并在秋季为害秋苗。

越冬：秋苗发病后，病菌一般都能越冬，且越冬病菌可侵染春季小麦。

病菌传播：分生孢子借高空气流可远距离传播。

再侵染和春季流行：早春气温回升，病菌不断产生分生孢子，对寄主进行不断的再侵染。

(2) 发病因素 中温、弱光、高湿度等条件易导致小麦发生白粉病。早春气温回升早且快，温度偏高时，病害发生早；若越夏区病菌初侵染菌量大，则秋苗发病早且重；若越冬菌量大，则翌春病害较重；植株密度大、多施氮肥的田块，易导致病菌侵染和发病重。

3. 防治技术

小麦白粉病的防治采用以选育和推广抗病品种为主，以药剂防治为辅，加强栽培管理的综合治理措施。

(1) 种植抗病品种 选用南农9918等抗病品种。

(2) 栽培防治 越夏区麦收后及时耕翻灭茬，铲除自生麦苗，以减少秋苗期的菌源。合理施肥，配合施用氮、磷、钾肥，适当增施磷、钾肥。控制种植密度，以改善田间通风透光性，减少感病率。开沟排水，使植株生长健壮，增强抗病能力。

(3) 药剂防治 使用15%三唑酮可湿性粉剂拌种，可兼治条锈病、纹枯病等。在生育期使用三唑酮和烯唑醇喷施的效果最好。

三、小麦赤霉病

小麦赤霉病是小麦的主要病害之一。小麦赤霉病在我国以气候湿润、多雨的长江中下游地区和东北三江平原为病害常发区和重病区,这些地区的病害流行频率高,危害大,损失重。但近年来,赤霉病有向北向西扩展蔓延的趋势。此病可直接为害麦穗造成减产,同时影响种子质量;一般年份可减产10%～20%,大流行年份可减产20%～40%。此外,赤霉病麦粒中含有脱氧雪腐镰刀菌烯醇、玉蜀黍赤霉烯酮等多种毒素,可引起人和家畜急性中毒。

1. 症状识别

小麦赤霉病主要发生在穗期,造成穗腐,也可在苗期引起苗枯、茎基腐、秆腐、穗腐和种子霉烂等症状,其中为害最严重的是穗腐。

(1)**穗腐** 穗腐在扬花期发生,致小穗枯死,形成干瘪粒。后期在小穗基部出现粉红色胶状霉层。高湿条件下,在粉红色霉层处产生蓝黑色小颗粒。

(2)**苗枯** 苗枯由种子和土壤中所带的病菌引起。病苗常腐烂枯死,枯死苗基部可见粉红色霉层。

图2-6 小麦赤霉病症状

(3)**基腐和秆腐** 在小麦成熟期有时会发生基腐和秆腐,病部可见粉红色霉层。

图2-7 小麦赤霉病健粒与病粒比较

2. 发病特点

(1)病菌在土壤、病残体上越夏,也可以通过为害棉花、玉米等越夏。越夏后转移至玉米、水稻等残体上,以菌丝体状态越冬,也可以分生孢子作为初侵染源。

(2)越冬菌源量和孢子释放时间与田间病害发生程度的关系十分密切。有充足菌源的重茬地块和距离菌源近的麦田发病严重。种子带菌量大或种子不进行消毒处理时,病苗和烂种率高。作物收获后不能及时翻地,或翻地质量差,田间遗留大量病残体和菌源时,则来年发病重。

(3)小麦品种间对赤霉病存在一定的抗病性。从生育期来看,小麦在整个穗期均可受害,但以开花期的感病率最高,开花以前和落花以后则不易感染。

(4)小麦抽穗扬花期的降雨量、降雨日数和相对湿度是病害是否流行的主导因素。小麦抽穗期以后降雨次数多、降雨量大、相对湿度高、日照时数少是构成穗腐大发生的主要原因,尤其在开花到乳熟期多雨、高温,常会发生严重穗腐。小麦抽穗扬花期间出现 3 日以上连阴雨时,病害就可以流行。

(5)地势低洼、排水不良或开花期灌水过多,造成田间湿度较大,易导致发病;麦田施氮肥较多,植株群体大,通风透光不良或造成贪青晚熟,也能加重病情。

3. 防治技术

小麦赤霉病的防治采用以种植抗病品种为基础,以药剂防治为重点,结合农业防治的综合防治措施。

(1)种植抗病品种　选育和利用南农 9918 等抗病品种。

(2)农业防治　适时早播,使花期提前,避开发病有利时期;合理灌溉,将麦田开沟排水,降低地下水位和田间湿度,做到雨过田干无积水；合理施肥。

(3)药剂防治 在小麦齐穗期，选用80%多菌灵超微粉1200克/公顷、40%多·酮可湿性粉剂1200克/公顷或30%戊唑·福美双1200克/公顷兑水喷雾，防治效果好。机动弥雾机的施药量为210千克/公顷；手动喷雾器的喷雾药液量为450千克/公顷，对准穗部喷雾。在小麦穗期多雨的年份，应在下雨间隙进行第2次防治。也可选用50%多菌灵可湿性粉剂和70%甲基硫菌灵可湿性粉剂等药剂。

四、小麦散黑穗病

小麦散黑穗病是小麦典型的种传病害，分布于全国各小麦产地。一般发病较轻，发病率为1%～5%，个别地区发生较重。

1.症状识别

小麦散黑穗病主要为害穗部，病株抽穗早，全穗变成松散的黑粉。发病初期病穗外面包有一层灰白色薄膜，当薄膜破裂后，黑粉随风飞散，后期只留下一个空穗轴。抗病品种的病穗上保留少数结实小穗，个别情况

图2-8 小麦散黑穗病症状

下，叶、叶鞘上也可产生小疱状、疣状和条纹状的孢子堆。

2.发病特点

花器侵染：小麦扬花时，病菌的冬孢子随风传播到健康穗上，侵入并潜伏在种子胚内，当年不表现症状。当带菌的种子萌发时，菌丝体随上胚轴向上生长直至侵染到穗部，产生大量冬孢子，形成黑穗。

当年病穗发生轻重与上年小麦扬花期雨水量呈正相关，小麦扬花期时雾多、雨多和温度高均易导致发病，反之则发病轻。颖片开张

大的品种较易感病。

3. 防治技术

(1) 农业措施

①选用抗病品种。

②建立无病留种田，抽穗前检查有无病株，并及时拔除病株进行销毁，种子田应离大田小麦至少300米远。

(2) 种子处理 播种前用石灰水浸种，方法是用生石灰1千克加清水100千克，浸麦种60～70千克。水面要高出种子10～15厘米。浸种2～4天，摊开晾干后备播。

(3) 药剂拌种 用种子量0.03%的粉锈宁或种子量0.015%～0.2%的羟锈宁拌种，或用75%萎锈灵150克或100%萎锈灵100克拌麦种50千克。

五、小麦纹枯病

小麦纹枯病是一种以土壤传播为主的真菌病害。随着种植制度的改革、高产品种的推广和水、肥、种植密度的增加，小麦纹枯病的危害日趋严重。发病早的麦田可减产20%～40%，发病严重的小麦形成枯株白穗或颗粒无收。

1. 症状识别

小麦纹枯病主要发生在小麦的叶鞘和茎秆上。小麦拔节后，症状逐渐明显。发病初期，在地表或近地表的叶鞘上产生黄褐色椭圆形或梭形病斑，以后病部逐渐扩大，颜色变深，向内侧发展并为害茎部。重病株基部第1～2节变黑甚至腐烂，常早期死亡。小麦生长中期至后期，叶鞘上的病斑呈云纹状花纹。该病病斑一般为无规则形，严重时包围全叶鞘，使叶鞘及叶片早枯。在田间湿度大、通气性不好的条件下，病鞘与茎秆之间或病斑表面常产生白色霉状物。在霉状物上面,初期散生土黄色或黄褐色的霉状小团,其内为担孢子单细胞,呈椭圆形或长椭圆形,基部稍尖,无色。

图 2-9　小麦纹枯病拔节后症状（侵茎）

图 2-10　小麦纹枯病苗期症状（未侵茎）

2. 发病特点

(1)冬季偏暖、早春气温回升快、阴雨天多、光照不足的年份发病重,反之则发病轻。

(2)影响春季病害发生程度的重要气象因素是温度,其次是雨量,再次是雨日。小麦拔节后,气温达到 10℃ 是病害盛发的重要标志。

(3)水旱轮作、播期过早、播种量过大、杂草猖獗、重施氮肥、

图 2-11　小麦纹枯病症状

忽视磷钾肥与有机肥配合施用等,都易导致纹枯病的发生和扩展。

(4)田间郁闭、湿度大、排水不畅等都易导致病害发生。

3. 防治技术

(1)使用抗病品种　选用当地丰产性能好、抗(耐)性强或轻感病

的良种。

(2)药剂防治 在种子处理的基础上,加强春季重病田的防治。推广种子包衣或药剂拌种,种子包衣可选用60克/升戊唑醇悬浮种衣剂,100千克麦种用有效成分3克;拌种药剂可选用2%戊唑醇湿拌种剂或5%戊唑醇悬浮拌种剂,100千克麦种用有效成分3克。

小麦拔节初期病株率达20%的田块应及时喷药,每公顷选用20%井冈霉素可溶性粉剂60~80克、25%丙环唑乳油50毫升或10%井·蜡芽悬浮剂90毫升,兑水752千克,选择上午有露水时喷药,使药液能流到麦株基部。重病区首次喷雾后隔1周再补喷1次。

六、小麦胞囊线虫病

小麦胞囊线虫病是由禾谷胞囊线虫引起的病害。1991年在安徽省首次发现并报道了该病害。目前,在淮北地区麦产区的多个县已有发生,小麦受害严重的田块造成减产30%~70%。

1. 症状识别

(1)根部 小麦根尖生长受抑制,次生根多而短,严重时纠结成团,根生长得浅并显著减少;后期在被寄生处的根部可见先白发亮后变褐发暗的胞囊,这是识别此病的主要标志。

图2-12 小麦胞囊线虫病根部症状(1)

仅雌成虫期可见胞囊。胞囊老熟后易脱落,往往发现不了胞囊,发生误诊,认为是其他病害。

图 2-13　小麦胞囊线虫病根部症状(2)

(2)地上部分　小麦幼苗矮化,分蘖减少,萎蔫,发黄,类似营养不良症状或缺肥症。发病初期麦苗中下部叶片发黄,而后病症由下向上发展,叶片逐渐发黄,最后枯死。受害轻的植株在拔节期的症状明显;受害重的植株在小麦 4 叶期即出现黄叶。灌浆期的小麦群体常出现高矮相间的山丘状颗粒,成穗少,穗小粒少,产量低。

图 2-14　小麦胞囊线虫病植株症状

2.发病特点

(1)胞囊内的卵孵化的最适条件为土壤湿润、地温 10℃左右;如果中间不被干旱打断,孵化可持续到秋天。通常每一整季作物只完成一代。在华北麦区完成一代需3~4个月。

(2)一般禾谷作物连作时发病重,轻砂质土比黏土发病重。

(3)胞囊遇10℃以上地温、土壤湿润的适宜条件时,卵孵化出幼虫并侵入根部,然后形成胞囊(孕卵的雌成虫),于5月底至6月初发育成熟并脱落入土;带有胞囊的土壤通过农事操作活动而传播。这也是病害传播的主要途径。

3.防治技术

用15%涕灭威颗粒剂4.3克/米^{2}在播前处理土壤,对小麦产量的防效为88.24%。63天后等量增施1次,实测产量损失率为3.80%,效果最好。

七、小麦黄矮病

小麦黄矮病在安徽省长江以北的麦田发生较普遍。发病严重时植株不能抽穗或不结实,对小麦产量有一定影响。

1.症状识别

病株叶片由叶尖向叶身逐渐褪绿变黄,形成黄绿相间的条纹,叶片最终呈鲜黄色。少数品种的叶片发病后呈紫红色。拔节孕穗期感病后多先从剑叶发病,向下蔓延。早期感病植株矮化显著,后期感病植株仅剑叶发黄,植株不矮化。

图2-15 小麦黄矮病症状

2.发病特点

病毒靠蚜虫传播,传毒蚜虫主要有麦二叉蚜、麦长管蚜等。麦收前后带毒蚜虫陆续迁移到自生麦苗、谷子、玉米、马唐等禾本科作物和杂草上传毒越夏。当秋季麦苗出土后,再迁回麦田繁殖为害。毒源丰富、冬前蚜虫基数大、早春虫口密度高的田块发病重。

3.防治要点

(1)选用抗病、耐病品种,适时迟播,加强管理,增强植株的抗病力。

(2)清除杂草,减少毒源。

(3)保护和利用自然天敌,防治麦蚜时应使用选择性农药。

八、小麦雪霉叶枯病

近年来,小麦雪霉叶枯病在安徽省麦区逐渐加重。2001年雪霉叶枯病病害大流行,感病株率几乎达100%,产量损失率为11.13%。

1.症状识别

雪霉叶枯病病害主要在成株叶片和叶鞘上发生。叶片的典型症状为出现椭圆形或半圆形大斑,病斑呈浸润状,外部为灰绿色,中部为污褐色,其表面生有稀薄的红霉物,后期病斑上散生有小黑点。发病叶鞘为灰白色或草黄色,枯死,其上散生有小黑点。

图 2-16 雪霉叶枯病症状(1)

图 1-17 雪霉叶枯病症状(2)

2. 发病特点

(1)小麦种子和田间病残体上的病菌为苗期的主要初侵染来源。病组织及残体所产生的分生孢子或子囊孢子借风雨传播,直接或由伤口和气孔侵入寄主。分生孢子或子囊孢子可进行多次侵染。

(2)病害致使叶片上产生大量病斑,使叶片干枯死亡。尽管多数叶枯病菌在整个生育期均可为害,但一般在抽穗后至灌浆期发生较重,这段时间是主要为害时期。

(3)小麦品种间的感病性差异大。

(4)若小麦生长后期多雨,则易导致病害流行。

(5)通风透光差的田块发病往往较重。

3. 防治要点

小麦雪霉叶枯病的防治以农业防治和药剂防治为主,同时应使用无病种子和抗(耐)病品种。

(1)农业防治

①种植抗病品种。

②开沟排水,降低田间湿度。

③合理密植,增加通风透光。

(2)药剂防治

①使用无病种子和消毒种子。将粉锈宁按种量的3‰～5‰拌种;对带菌种子可用2.5%适乐时种衣剂1∶500(药∶种)包衣,或用20%克福种衣剂1∶50包衣、用种子重量0.5%的50%福美双拌种、用种子重量0.03%的三唑酮拌种。

②大田防治。当功能叶发病率达1%时,用25%粉锈宁600克/公顷或80%多菌灵微粉750克/公顷,兑水900～1125千克喷雾,可与赤霉病防治一并进行。一般在第1次喷药后,根据病情发展,间隔10～15天再喷药1次。

第三章
棉花病害防治技术

棉花是我国重要的经济作物,常年种植面积约为535万公顷,其中安徽省种植面积约为67万公顷。世界上有120多种棉花病害,中国有40多种,造成严重危害的有10多种。棉花病害每年造成损失为10%～20%,严重年份损失为30%～50%,局部地区甚至绝收。

一、棉花苗期病害

我国棉区分布很广,已发现的棉苗病害有20余种,但由于各地自然条件不同,其棉苗病害种类和为害程度也存在差别。苗期低温多雨时病害易发生,且病害种类多、危害大。北方棉区的病害过去以立枯病和炭疽病为主,红腐病发生也比较普遍,近年来,红腐病的发生更加严重,已成为最主要的病害。

1. 症状识别

棉苗的病害种类很多,主要分为2类:一类以引起烂种、烂芽、烂根和茎基腐为主,多数棉苗的病害属于这一类;另一类以为害幼苗叶片和茎为主,如炭疽病等。

(1)棉立枯病　棉花播种后至出苗前若被病菌感染,则内部变褐腐烂,即"烂种";受害轻的种子虽能萌发,但幼芽被害,呈黄褐色,不久后腐烂,即"烂芽";幼苗出土后,被病菌感染的幼苗的根部和近地面茎基部出现黄褐色长条形病斑,以后病斑逐渐扩大,呈黑褐色,并包围整个根茎部位,形成黑褐色环状缢缩,病苗很快萎蔫枯死,即"烂根"。有时病斑凹陷不明显,但上下扩展较快,并产生长短不等的纵裂。拔出病苗,在病部可见菌丝体和小土粒纠结在一起。

①子叶:多在子叶上产生不规则形黄褐色病斑,而后病斑干枯脱落,形成穿孔。

②烂根:在根部和近地面茎基部产生黄褐色病斑,而后呈黑褐色环状缢缩,使地上部很快萎蔫枯死,一般不倒伏。轻病株仅皮层受害,气温升高后可恢复生长。在茎基发病部位可见稀疏的白色菌丝体。

(2)**棉炭疽病** 棉苗在出土前感染炭疽病菌可造成烂芽,出土后感染则在幼苗根茎部或茎基部产生褐色条纹,以后扩展形成褐色、稍凹陷的梭形大斑,严重时纵裂、下陷,四周缢缩,幼苗枯死。子叶受害后,多在叶缘产生半圆形或近圆形褐色病斑,天气潮湿时可扩展到整个子叶。真叶被害时初现黑色小型斑点,以后扩展为圆形或不规则形暗褐色大斑。叶柄受害后可造成叶片早枯。幼茎基部发病后多产生红褐色或褐色稍凹陷的病斑。茎部受害后,多先从叶痕处发病,初为暗红色纵向条斑,以后变为暗黑色圆形或长条形凹陷病斑。

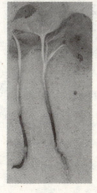
图3-1 棉立枯病症状

图3-2 棉炭疽病症状

(3)棉红腐病

①棉苗出土前感病时可造成烂籽和烂芽。棉苗出土后感病时病菌一般先侵入根尖,使根尖呈黄褐色,以后扩展到全根和茎基部,病部变褐腐烂;病斑一般不凹陷,其土面以下受害的嫩茎常略显肥肿,以后呈黑褐色干腐,形成"大脚苗",也可产生纵向的条纹状褐色病斑,有时侧根坏死,形成肿胀的"光根"。

②子叶感病后,多在叶缘产生半圆形或不规则形褐斑。高湿条件下,在病部可见粉红色霉状物。

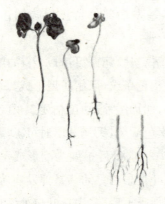
图3-3 棉红腐病症状(1)

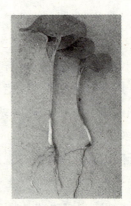
图3-4 棉红腐病症状(2)

2.发病特点

(1)侵染循环 以土传为主(立枯病、猝倒病、红腐病):菌丝、菌核、厚垣孢子主要在土壤、粪肥、病残体上越冬,田间病菌靠耕作、流水等方式传播,从植株伤口直接侵入。

以种传为主(炭疽病、黑斑病、红腐病):菌丝分生孢子等主要在种子病残体上越冬,田间病菌靠雨水、昆虫等传播,或直接从植株伤口侵入。

(2)初侵染来源 棉花苗期病害的初次侵染来源主要是土壤、病株残体和种子。

立枯丝核菌能在土壤及病残体上存活2~3年之久。土壤及病残体是其主要侵染来源。

炭疽病菌主要以分生孢子和菌丝体潜伏在种子内外越冬,病铃种子带菌率为30%~80%,棉种内部带菌率可达2.1%,其分生孢子在棉籽上可存活1~3年。故种子带菌是其主要侵染来源。

红腐病菌既能在土壤及病残体上越冬,也可以分生孢子及菌丝体潜伏在种子内外越冬。棉籽上红腐病菌的带菌率可高达30%,种子内部带菌率可达1.6%。

(3)传播 植株发病后,病部产生的分生孢子可随气流、雨水和昆虫传播,进行再侵染。立枯丝核菌则通过流水、耕作活动等传播。

(4)侵入 病菌直接侵入或从植株伤口侵入。

(5)再侵染 病菌可侵染多次。

3.防治技术

棉苗病害的防治采取以栽培管理为基础,以种子处理和喷药保护为辅助的策略。

(1)选种晒种

①选择种子饱满、发芽率高和发芽势强的良种作为种用。生命力强的种子会明显降低棉苗病害的发生。

②播种前应晒种。

(2)种子处理

①药剂拌种或浸种。可使用种子量0.5%的70%五氯硝基苯、种子量0.5%的50%多菌灵、种子量0.3%的甲基立枯磷、种子量0.8%和1%的棉花保苗剂拌种,也可用种子量0.3%的30%敌唑酮、种子量0.5%的20%敌菌酮、种子量0.6%的50%甲基硫菌灵、种子量0.3%的拌种灵等拌种。拌种时的加水量一般不要太多,100千克种子用2~3千克水,将药剂稀释、喷拌即可。

②种子包衣:可采用种衣剂包衣。

③用温水浸种。

④用硫酸脱绒。

(3)加强栽培管理

①秋季应进行秋耕冬灌,并尽量深翻25～30厘米,将表层病菌和病残体翻入土壤深层,使其腐烂分解,减少表层病源,利于出苗。冬灌还可避免春灌造成的土壤过湿、地温较低。播种前耙地整地,使其达到"齐、平、松、碎、净、墒"的标准,可促使出苗整齐、迅速,减少病菌侵染。保持田间卫生,及时剔除病死苗,减少传染。

②适期播种。过早播种容易引起烂种死苗,早而不全;过晚播种则又全而不早,不能发挥应有的增产作用,所以适期早播非常重要。最佳播期的确定取决于地温和终霜期,一般当平均气温稳定在12℃时,即可露地播种;当平均气温稳定在10℃时,则膜下5厘米地温可达12℃以上,即可铺膜播种。

③加强田间管理。出苗后应及时中耕松土,雨后注意中耕,消除板结,使土壤通气良好,提高地温,可减轻发病。棉苗病害发生较重的农田应增加中耕次数;间苗时应剔除病苗和弱苗;重病田定苗时应增加留苗密度。低洼棉田应注意开沟排水,重病田应进行水旱轮作或与禾本科作物轮作等,都可减轻病害发生。

(4)药剂防治 苗期发病时,可用50%福美双、50%多菌灵、70%代森锰锌和70%甲基硫菌灵喷雾,以控制病害扩展和蔓延。

二、棉花枯萎病和黄萎病

棉花枯萎病和黄萎病是棉花的重要病害,分别于1934年、1935年传入我国。随着大量抗病品种的推广,枯萎病在我国南北棉区基本得到控制,但在局部棉区仍然发生较重,目前仍是棉花生产上的重要病害。

1. 症状识别

棉花枯萎病和黄萎病均为系统侵染病,通常使棉花全株发病,但棉花枯萎病和黄萎病的症状不同。二者可以从发病时期、株型、叶片症状、维管束颜色、病症等方面加以区别。

(1)棉花枯萎病症状　棉花枯萎病在整个生长期均可为害。棉花出苗后即可被侵染发病,严重时造成大片死苗,在现蕾期达到发病高峰。因生育阶段和气候条件不同,田间常表现出如下几种不同的症状类型。

①黄色网纹型:病苗子叶或真叶的叶脉局部或全部褪绿变黄,叶肉仍保持一定的绿色,使叶片呈黄色网纹状,最后干枯脱落。成株期也偶尔出现该类型。

②黄化型:病株多从叶尖或叶缘开始发病,局部或全部叶片褪绿变黄,随后逐渐变褐枯死或脱落。在苗期和成株期均可出现黄化型枯萎病。

图3-5　黄色网纹型枯萎病症状

图3-6　黄化型枯萎病症状

③紫红型:叶片变为紫红色或具有紫红色斑块,以后逐渐萎蔫、枯死、脱落。在苗期和成株期均可出现紫红型枯萎病。

④凋萎型:叶片突然失水褪色,植株叶片全部或先从一边自下而上萎蔫下垂,不久全株凋萎死亡。凋萎型枯萎病一般在气候急剧变化、阴雨天或灌水之后出现较多,是生长期最常见的病害之一。有些高感品种感病后,在生长中后期有时会自植株顶端出现枯死,产生

"顶枯型"症状。

图3-7　紫红型枯萎病症状

图3-8　凋萎型枯萎病症状

⑤矮缩型：早期发生的病株若病程进展比较缓慢，则表现为节间缩短，植株矮化，顶叶常发生皱缩、畸形，一般并不枯死。矮缩型病株也是成株期常见的症状之一。

同一病株可表现一种症状类型，有时也可出现几种症状类型。苗期黄色网纹型、黄化型及紫红型的病株若不死亡，都有可能成为皱缩型病株。无论哪种症状类型，病株根、茎的维管束均变为黑褐色。

图3-9　矮缩型枯萎病症状（1）

图3-10　维管束变为黑褐色

图3-11　矮缩型枯萎病症状（2）

(2)棉花黄萎病症状 棉花黄萎病一般在现蕾后才开始发生,在开花结铃期达到发病高峰。其症状主要分为如下几种类型。

图3-12 黄萎病症状

图3-13 维管束变为褐色

①普通型。病株症状自下而上扩展。发病初期在叶缘和叶脉间出现不规则形淡黄色斑块,病斑逐渐扩大,从病斑边缘至中心的颜色逐渐加深,而靠近主脉处仍保持绿色,呈褐色掌状斑驳,随后变色部位的叶缘和斑驳组织逐渐枯焦,呈现"花西瓜皮"症状;重病株叶片到后期由下而上逐渐脱落、蕾铃稀少,后期常在茎基部或落叶的叶腋处长出细小新枝。开花结铃期,有时在灌水或中量以上降雨之后,在病株叶片主脉间产生水浸状褪绿斑块,较快变成黄褐色枯斑或青枯,出现急性失水萎蔫型症状,但植株上枯死叶和蕾多悬挂,并不很快脱落。

图3-14 普通型黄萎病症状(1)

图3-15 普通型黄萎病症状(2)

②落叶型。这种类型在长江流域和黄河流域棉区都已发生,危害十分严重。主要症状是顶叶向下卷曲褪绿、叶片突然萎垂,呈水渍状,随即脱落成光杆,表现出急性萎蔫落叶症状。叶、蕾甚至小铃在几天内可全部落光,而后植株枯死,对产量影响很大。在棉花田中有时会出现棉枯萎病和棉黄萎病混生型病株。

图3-16 落叶型黄萎病症状

上述不同症状的黄萎病株,其根、茎的维管束均变为褐色,但比枯萎病变色浅。维管束变色是鉴定田间棉株是否发生枯萎病、黄萎病的最可靠方法,也是区分枯萎病、黄萎病与红(黄)叶枯病等生理病害的重要标志。若怀疑感染此病,可剖开茎秆或掰下空枝或叶柄检查维管束是否变色。

2. 发病特点

(1)病害循环

①初侵染。病菌主要以菌丝体潜伏在棉籽的短绒、种壳和种子内部,或以菌丝体、分生孢子及厚垣孢子在病残体及土壤中越冬,成为来年的初侵染来源。另外,带菌的棉籽饼、棉籽壳及未腐熟的土杂肥和无症状寄主,也可成为初侵染来源。

②传播。带菌种子是病害远距离传播的主要传染源。近距离传播主要与农事操作有关。

③侵入与发病。病菌最易从棉株根部伤口侵入,也可从根梢直接侵入。在自然情况下,根部所受的各种虫伤及机械伤均有利于病菌侵入,特别是土壤线虫较多的棉田,土壤线虫所造成的伤口为病菌侵入创造了条件。病菌虽在棉株整个生长期都能侵染,但以在现蕾前侵入为主。自然情况下从侵入到显症一般需要1个月左右,在人

工接种情况下一般 15～20 天即可发病。

④再侵染。枯萎病以初侵染为主。长江流域的棉区,逢秋季多雨,重病株枯死后,在病秆及节部都可产生大量分生孢子,可进行再侵染。

(2)品种抗病性差异 棉花的种和品种对棉花枯萎病的抗病性有明显差异。亚洲棉对枯萎病的抗病性较强,陆地棉次之,海岛棉较差。在陆地棉各品种间,抗病性也有明显差异。

(3)发病因素 土壤中菌源数量是棉花黄萎病能否发生流行的先决条件。连年种植棉花或与其寄主作物轮种,易使土壤含菌量逐年增加,发病日趋严重。

适宜的气候条件是黄萎病能否发生流行的重要因素。温度在 25℃ 左右,相对湿度在 80% 以上是该病大发生的关键因素。温度低于 22℃、高于 30℃ 时发病缓慢,超过 35℃ 时即可发生隐症。在我国南北棉区,由于夏季高温对病害有明显的抑制作用,所以多出现 2 次发病高峰。安徽棉区一般在现蕾初期开始发病,即播种后 40 天左右出现症状,6 月下旬至 7 月中旬出现第 1 次发病高峰,以后因夏季高温使病害发展受到抑制,甚至出现隐症,8 月份以后随着气温降低出现第 2 次发病高峰。

3.防治技术

枯萎病的防治方法是保护无病区,消灭零星病区,控制轻病区,改造重病区。

棉花枯萎病属于系统侵染的维管束病害,至今尚缺乏有效药剂。此病一旦发生,则难以根除,必须采取以种植抗病品种和加强栽培管理为主的综合防治措施。

(1)保护无病区 引种时,用 0.3% 多菌灵胶悬剂在常温下浸泡毛籽 14 小时,进行消毒处理,经过 2～3 年试种、鉴定和繁殖,再大面积推广。同时要严防因调种而将致病力更强的菌株引到新棉区。要建立无病留种田,选留无病棉种。

(2) **种植抗病品种** 选种中棉所 24 号、27 号等抗病品种是防治棉花枯萎病最经济有效的措施。

(3) **轮作倒茬** 在重病田用玉米、小麦、大麦、高粱、油菜等与棉花轮作 3~4 年,对减轻病害有明显作用。实行稻棉水旱轮作或苜蓿与棉花轮作以及种植绿肥等效果更佳。

(4) **加强栽培管理** 对棉田增施底肥和磷、钾肥,适期播种,合理密植,及时定苗,拔除病苗,当棉苗长出 2~3 片真叶时喷施 1% 尿素溶液,有利于棉苗生长发育,可提高抗病力。当病田棉株定苗、整枝时,及时将病株清除,带到田外深埋,施用热榨处理的棉饼和无菌土杂肥,能够减轻发病。在棉花育苗移栽地区用无病土育苗,可明显减轻枯萎病的危害。

(5) **药剂防治** 防治棉花黄萎病和枯萎病的特效药为 80% 乙基硫代磺酸乙酯萎立。防治棉花枯萎病的药物还有抗枯威、多菌灵、缩节胺、黄腐酸盐等。

三、棉铃病害

为害棉铃的病菌有 40 多种,常见的有 10 多种。我国棉铃病害发生比较普遍,棉铃病害流行年份的产量损失为 10%~20%。长江流域棉区的棉铃病害以棉铃疫病、红腐病、炭疽病为主。

棉铃病害常年的发病率为 10%~30%,严重田块的发病率达 40%。棉铃病害不仅造成严重减产,还使棉花纤维品质变坏,种子质量变劣,给棉花生产带来较大损失。

1. 症状识别

(1) **棉铃疫病** 棉铃疫病主要为害棉株下部的大铃。发病时病菌多先从棉铃基部、铃缝和铃尖侵入,产生暗绿色水渍状小斑,不断扩散,使全铃变为青褐色至黄褐色,3~5 天后整个铃面呈青绿色或黑褐色，一般不发生软腐。天气潮湿时，铃面生出一层稀薄的白色至黄白色霉层，即病菌的孢子囊和孢囊梗。

(2)棉炭疽病 棉铃被害后，在铃面初生暗红色小点，以后逐渐扩大并凹陷，出现边缘呈暗红色的黑褐色斑。天气潮湿时，病斑上生出橘红色或红褐色黏质物，即病菌的分生孢子盘。严重时黏质物可扩展到铃面一半，甚至全铃腐烂，使棉铃成为黑色僵瓣。

图 3-17　棉铃疫病症状

图 3-18　棉炭疽病症状

(3)棉红腐病 病菌多从铃尖、铃面裂缝或青铃基部易积水处侵入。发病后初现墨绿色、水渍状小斑，小斑迅速扩大后可波及全铃，使全铃变黑腐烂。天气潮湿时，在铃面和纤维上产生白色至粉红色的霉层（由大量分生孢子聚积而成）。重病铃不能开裂，形成僵瓣。

(4)棉红粉病 棉红粉病在不同大小的棉铃上都可以发生。病菌多从铃面裂缝处侵入，发病后先在病部产生深绿色斑点，7～8天后产生粉红色霉层，以后随病部不断扩展，可使铃面局部或全部布满粉红色厚而紧密的霉层。

图 3-19　棉红腐病症状

高湿时病铃腐烂，铃内纤维上也产生许多淡红色粉状物，病铃不能开裂，常干枯而脱落。

(5)棉黑果病 棉铃被害后僵硬变黑，铃壳表面密生突起的黑色小点,后期表面布满煤粉状物。病铃内的纤维也僵硬变黑。

图 3-20 棉红粉病症状

图 3-21 棉黑果病症状

2.发病特点

(1)气候条件 尤以 8~9 月份的气候条件对是否发病影响最大。若温度偏低、日照少、雨量大、雨日多,平均气温为 25~30℃,相对湿度在 85% 以上时,易造成棉铃病害发生流行;特别是骤然降温、阴雨连绵的天气,对铃病的发生更为有利。

(2)虫害诱发病害 在棉铃虫、红铃虫、金刚钻等钻蛀性害虫危害严重的棉田,棉铃的病害较重;刺吸式口器害虫如棉蚜等造成的伤口,也易导致病菌入侵,加重铃病发生。

(3)铃期与结铃部位 铃期与棉铃病害的发生也有一定关系。炭疽病菌较易侵染 25 天以上的棉铃,25 天以内的幼铃受害较少,而吐絮前 10~15 天的棉铃最易受害。疫霉菌多侵染棉株下部的大铃。

(4)栽培措施 过量施用氮肥或氮肥施用过迟,造成中后期棉花徒长,棉田荫蔽,通风透光不良,田间湿度增高,易导致多种棉铃病害的发生。适时整枝打顶,既可促使上部结铃,防止旺长,又可加强通风透光,减轻铃病的发生。采用浅水沟灌的棉田发病较轻,采用大水漫灌的棉田和地下水位较高、排水不良的棉田发病较重。多年连作也易导致棉铃病害的发生。

3.防治技术

棉铃病害的防治采取以农业防治为基础的综合防治措施。

(1) 加强栽培管理

①合理施肥和灌水。应掌握"施足基肥,早施、轻施苗肥,重施花铃肥"的原则,同时要配合施用氮、磷、钾肥,使棉株生长稳健,不徒长,不早衰,通风透光好,并采取浅水沟灌,切忌大水漫灌。地下水位高的棉田要注意排水,可减轻铃病的发生。

②及时打顶、整枝、摘叶。对于生长过旺的棉田,在打顶时要剪除空枝、老叶,并结合打边心、推株并拢等措施,使棉田通风透光,可减轻铃病发生。巧用生长调节剂可以调节棉株生长,减少烂铃危害。

③及时采摘烂铃,减少损失。棉田铃病发生后,应及时采摘烂铃,并将烂铃带出田外集中处理,以减少再侵染来源。

④合理密植,及时化控。各地都要根据当地实际情况,选择合适的种植密度,及时化控,以防因棉株徒长、棉田荫蔽而诱发棉铃病害发生。

⑤轮作也有减轻铃病发生的作用。

(2) 选育抗病品种 一般具有窄卷苞叶、小苞叶或无苞叶、无蜜腺以及早熟性好的品种,其铃病发生较轻。

(3) 药剂防治 在棉田铃病发生初期,应及时防治。根据具体病害种类,可选用以下药剂:0.5%波尔多液、70%代森锰锌、50%多菌灵、50%福美双、80%大富丹、64%杀毒矾、40%乙膦铝、25%瑞毒霉、25%甲霜灵等。

另外,要加强对棉铃虫、红铃虫和金刚钻等害虫的防治,减轻这些害虫的危害,可以达到治虫防病的目的。

第四章 玉米病害防治技术

我国已报道的玉米病害有30多种,造成产量损失约为9.4%。发生普遍、危害严重的病害有大斑病、小斑病、丝黑穗病、茎基腐病、瘤黑粉病、灰斑病、弯孢菌叶斑病、粗缩病和矮花叶病毒病等。

由于推广杂交玉米,使品种感病面积和栽培面积迅速扩大,连作重茬地增多,导致大斑病和丝黑穗病在春玉米区、小斑病在夏玉米区严重发生,造成严重损失。然而,随着抗大斑病、抗小斑病和抗丝黑穗病品种的选育推广,原来生产上的一些次要病害,如青枯病等,在全国各玉米区迅速蔓延,很快跃升为生产上的主要病害。

玉米矮花叶病、粗缩病等病毒病的分布比较广泛,矮花叶病在西北和华北地区较为流行。

一、玉米大斑病和小斑病

1. 症状识别

(1)玉米大斑病 玉米大斑病主要为害叶片,也可为害叶鞘、苞叶、果穗和籽粒。

①萎蔫斑:发病初期为椭圆形、黄色或青灰色水浸状小斑点,以后沿叶脉扩展,形成长梭形、大小不等的萎蔫斑。当田间湿度大时,病斑表面密生一层灰黑色霉状物。

②褪绿斑：发病初期为小斑点，以后沿叶脉延长并扩大呈长梭形。后期病斑中央出现褐色坏死部，周围有较宽的褪绿晕圈，在坏死部位很少产生霉状物。

图4-1 玉米大斑病症状（1）

图4-2 玉米大斑病症状（2）

（2）玉米小斑病 小斑病病菌主要为害叶片，严重时也可为害叶鞘、苞叶、果穗甚至籽粒。常见类型有：

①病斑呈椭圆形或长椭圆形，黄褐色，有较明显的紫褐色或深褐色边缘，病斑扩展受叶脉限制。

②病斑呈椭圆形或纺锤形，灰色或黄色，无明显的深色边缘，病斑扩展不受叶脉限制。

③病斑为坏死小斑点，黄褐色，周围具黄褐色晕圈，病斑一般不扩展。

前2种为感病类型，后1种为抗病类型。

图4-3 玉米小斑病症状（1）

图4-4 玉米小斑病症状（2）

2. 发病特点

(1)玉米大斑病和小斑病发生的最适温度为 28℃；分生孢子萌发的适宜温度为 26～32℃。分生孢子的形成和萌发都需要较高的湿度。因此，高温、高湿、时晴时雨是大斑病和小斑病最适宜的发病条件。

(2)玉米大斑病和小斑病在玉米连作地中发病重，轮作地中发病轻；肥沃地中发病轻，瘠薄地中发病重；间作套种的玉米比单作的玉米的发病轻，远离村边和秸秆垛的发病轻；晚播比早播发病重；育苗移栽玉米比同期直播玉米发病轻；密植玉米比稀植玉米发病重。

3. 防治技术

玉米大斑病和小斑病的防治以推广和利用抗病品种为主，加强栽培管理，及时辅以必要的药剂防治。

(1)选种抗病、耐病品种　玉米品种间对大斑病病菌的抗性有明显差异，种植感病品种是病害大流行的主要原因。Mo17、掖单13、郑单2、黄早四、登海系列等品种抗大斑病和小斑病。玉米品种应合理布局，定期轮换。

(2)改进栽培技术，减少菌源　适期早播，育苗移栽，增施基肥，可提高寄主的抗病能力；合理间作、做好田间卫生工作、及时清除病株等，具有较好的防病效果，如深埋病残体、及时打除底叶等。

(3)药剂防治　目前，防治大斑病和小斑病的有效药剂有10%世高、70%代森锰锌、70%可杀得、50%扑海因、50%菌核净、新星、50%多菌灵、75%百菌清、25%粉锈宁、40%福星、12.5%特普唑和45%大生等。

二、玉米灰斑病和弯孢菌叶斑病

玉米灰斑病又称"尾孢菌叶斑病"。该病已成为我国玉米产区继玉米大斑病、小斑病之后新出现的重要叶部病害，发病田块一般减产

20%左右,严重的田块减产30%~50%。

弯孢菌引起的叶斑病也叫"黄斑病"、"拟眼斑病"。目前弯孢菌叶斑病已成为河南、河北、山东、山西、北京、天津、辽宁、吉林等玉米产区的重要叶部病害,玉米发病后一般减产20%~30%,严重地块减产可达50%,可导致制种田绝收。

1. 症状识别

(1)玉米灰斑病 玉米灰斑病主要为害叶片。发病初期在叶面上形成无明显边缘的椭圆形或矩圆形灰色或淡褐色斑点,病斑多限于平行叶脉之间,以后逐渐扩展为浅褐色条纹或不规则的灰色或褐色长条斑,大小为(4~20)毫米×(2~5)毫米,条斑与叶脉平行延伸,有时病斑连接成片使叶片枯死。湿度大时,叶片两面均可产生灰色霉层,即病菌分生孢子梗和分生孢子。

图4-5 玉米灰斑病症状(1)

图4-6 玉米灰斑病症状(2)

(2)弯孢菌叶斑病 弯孢菌叶斑病主要为害玉米叶片。发病初期在叶面上形成水浸状或淡黄色半透明小斑点,之后逐渐扩展为圆形、椭圆形、梭形或长条形褪绿透明斑,中间为枯白色或黄褐色,边缘为暗褐色,四周有半透明浅黄色晕圈,有时多个斑点可沿叶脉纵向汇合而

图4-7 弯孢菌叶斑病症状

形成大斑,甚至整叶枯死。潮湿条件下,病斑的正反两面均可产生灰黑色霉状物。

2. 发病特点

(1)病菌生长的适宜温度为28～32℃,分生孢子的适宜萌发温度为30～32℃,最适的湿度为饱和湿度,相对湿度低于90%时分生孢子很少萌发或不萌发。因此,高温、高湿的条件易造成病害流行。

(2)弯孢菌叶斑病早播时发病轻,晚播时发病重,而灰斑病早播时发病重,晚播时发病轻;岗地中发病轻,平地和洼地中发病重,壤土中发病轻,砂土和黏土中发病重。

(3)连续多年大面积种植感病品种,是这2种病害严重流行的重要因素。

3. 防治技术

(1)选用抗病品种 选用7922、吉853、唐白42、沈135、沈138等抗弯孢菌叶斑病品种;选用330、掖107、78599、78641等抗灰斑病的自交系品种。

(2)加强栽培管理 及时清除病残体;适期播种;配合施用氮、磷、钾肥,施足基肥,增施有机肥,及时追施氮肥;合理密植,间作套种。

(3)药剂防治 选用50%多菌灵、70%甲基托布津、40%福星、70%代森锰锌、50%退菌特、80%炭疽福美、45%大生、75%百菌清、10%世高等药剂。

三、玉米瘤黑粉病和丝黑穗病

瘤黑粉病是玉米产区的重要病害之一。它对玉米造成的减产程度因发病时期、病瘤大小及发病部位而异,病害发生早、病瘤大、在植株中部及果穗发病时减产较严重,减产量高达15%以上。

第四章 玉米病害防治技术

丝黑穗病是玉米产区的重要穗部病害之一,尤其在东北、西北、华北和南方冷凉山区的连作玉米田块中发病较重。

1. 症状识别

(1)玉米瘤黑粉病 瘤黑粉病为局部侵染性病害,在玉米全生育期,任何地上部分的幼嫩组织均可受害。一般苗期的发病率较低,抽雄后发病率迅速升高。叶片受害后常出现成串排列的病瘤,外膜破后散出黑褐色冬孢子,严重时全穗形成大的病瘤。

图 4-8 瘤黑粉病症状(1)

图 4-9 瘤黑粉病症状(2)

图 4-10 瘤黑粉病症状(3)

图 4-11 瘤黑粉病症状(4)

(2)玉米丝黑穗病 丝黑穗病只侵害雌穗和雄穗。病苗通常矮化,节间缩短,叶片密集,叶色浓绿,株形弯曲,第5叶以上开始出现与叶脉平行的黄条斑。但大多数品种的苗期症状并不明显,到穗期才出现典型症状,颖片增长呈叶片状,不能形成雄蕊。病穗小花基部膨大,形成菌瘿,不能吐花丝,外包白膜,除苞叶外,整个果穗变成一个大黑粉苞。苞叶通常不易破裂,黑粉不外漏,后期有些苞叶破裂后散出黑粉。黑粉一般黏结成块,不易飞散,内部夹杂丝状寄主维管束组织。丝状物在黑粉飞散后才显露,故称"丝黑穗病"。

图 4-12　丝黑穗病症状

2. 发病特点

(1)品种间的抗病性存在差异,自交系间的抗病性差异更为显著。一般杂交种较抗病,硬粒玉米的抗病性较强,马齿型玉米次之,甜玉米较易感病;果穗苞叶厚长而紧密的玉米较抗病;早熟品种比晚熟品种的抗病力强;耐旱品种比不耐旱品种的抗病力强。

(2)若多年连作或将秸秆还田,田间会积累大量冬孢子,则易导致发病严重。在较干旱少雨的地区,缺乏有机质的砂性田块发病常较重。

(3)高温、潮湿、多雨地区发病较轻,低温、干旱、少雨地区发病严重。玉米在抽雄前后对水分特别敏感,是最易感病的时期。此时若遇干旱,则抗病力下降,极易感染瘤黑粉病。前期干旱、后期多雨或旱湿交替出现,都会延长玉米的感病期,易导致病害发生。此外,暴风雨、冰雹、人工作业及螟害等可造成大量损伤,也易导致病害发生。

3. 防治技术

玉米瘤黑粉病和丝黑穗病的防治采取以种子处理为主、种植抗病品种、及时消灭菌源的综合防治措施。

(1)种植抗病品种　使用农大 60、科单 102、丹玉 13、海玉 8 号、中单 2 号、中单 4 号、吉单 101、辽单 16 等抗病品种,是防治瘤黑粉病和丝黑穗病的根本措施,其中海玉8号为高抗品种。农家品种中野鸡红、小青稞、金顶子等也较抗病。

(2)杜绝和减少初侵菌源

①禁止从病区调运种子。

②对秸秆进行高温堆肥腐熟处理,以切断病菌传播途径。

③对土壤消毒后再育苗,将玉米苗育至3~4叶后再移栽到大田,可有效避免黑穗病菌的侵染,防治效果明显。

④在玉米生长期间,结合田间管理,彻底清除田间发病幼苗、病株等病残体,在病瘤未变色时及早割除,并带到田外处理,可减少土壤中越冬病菌的数量。

⑤合理轮作是减少田间菌源、减轻发病的有效措施。重病田一般实行2~3年的轮作,配合种植高抗品种,可有效控制丝黑穗病的发生和为害。

(3)加强栽培管理

①调整播期:要求播种时气温稳定在12℃以上。

②提高播种质量:根据土壤墒情适当浅播、点水播种或趁墒抢种,特别是在抽雄前后,要保证水分供应充足。

③合理密植,避免偏施、过施氮肥,适时增施磷、钾肥。

④及时防治玉米螟,尽量减少耕作时的机械损伤。

(4)种子处理 播前要晒种,并精选籽粒饱满、品种纯正、发芽率高、发芽势强的种子,再用药剂对种子进行处理。可用25%粉锈宁可湿性粉剂、立克秀种衣剂、12.5%特谱唑、50%多菌灵或50%萎锈灵等药剂拌种。

四、玉米茎基腐病

玉米茎基腐病又称"玉米青枯病",为世界性病害。目前,茎基腐病在我国各玉米产区均有发生,一般年份发病率为10%~20%,严重年份发病率为20%~30%甚至绝收。

1. 症状识别

我国茎基腐病的症状主要是由腐霉菌和镰刀菌引起的青枯和黄枯2种类型。茎基腐病一般在玉米灌浆期开始发病,乳熟末期至蜡熟期为显症高峰。植株叶片青枯或黄枯,根部变褐、腐烂坏死,基部发软,髓部中空,果穗下垂,不易掰离,穗轴柔软,籽粒干瘦,脱粒困难。病部出现粉白色或粉红色霉层。

图 4-13 茎基腐病症状(1)

图 4-14 茎基腐病症状(2)

2. 发病特点

(1)茎基腐病属于土传病害,以菌丝、分生孢子或卵孢子在病株残体组织内外、土壤中存活越冬,成为第2年的主要侵染源。

(2)春玉米茎基腐病发生于8月中旬,夏玉米茎基腐病发生于9月中上旬,麦田套种玉米的发病时间介于两者之间。一般认为,玉米散粉期至乳熟初期遇大雨、雨后暴晴时发病重,久雨乍晴、气温回升

图 4-15 茎基腐病症状(3)

快时青枯症状出现较多。在夏玉米生长发育期间,前期干旱、中期多雨、后期温度偏高的年份发病较重。

(3)品种间对茎基腐病的抗性差异比较显著。

(4)连作年限长时发病重;一般早播和早熟品种发病重,适期晚播或种植中晚熟品种可延缓和减轻发病。一般平地发病轻,岗地和洼地发病重;砂土地、土质瘠薄、排灌条件差、玉米生长弱的田地发病重。

3.防治技术

玉米茎基腐病的防治采取以选用抗病品种为主、以实施系列保健栽培为辅的综合防治措施。

(1)选用丹玉 16、沈单 7、冀丰 58、农大 60、铁单 8、豫玉 22 等抗病品种。

(2)玉米收获后彻底清除田间病残体,集中烧毁或高温沤肥,减少侵染源。

(3)轮作换茬。发病重的地块可与水稻、甘薯、马铃薯、大豆等作物实行 2~3 年轮作。

(4)适期晚播春玉米。

(5)种子处理。播种前可用 25% 粉锈宁拌种,可兼治丝黑穗病和全蚀病。

(6)加强田间管理,增施肥料。在施足基肥的基础上,在玉米拔节期或孕穗期增施钾肥或配合施用氮、磷、钾肥,防病效果好。

(7)生物防治。使用种子重量 0.2% 的增产菌拌种,对茎基腐病有一定的控制作用。

五、玉米纹枯病

我国的玉米纹枯病最早于 1966 年在吉林省有发生报道。20 世纪 70 年代以后,由于玉米种植面积的迅速扩大和高产密植栽培技术的推广,玉米纹枯病的发展和蔓延较快,已在全国范围内普遍发生,且危害日趋严重。一般发病率为 70%~100%,造成的减产损失为

10%～20%,严重时减产损失高达35%。

1.症状识别

玉米纹枯病可为害茎、叶、穗部。初期出现水渍状暗绿色病斑,之后呈椭圆形或不规则形纹状斑,最后连接成片,形成大斑。病部产生许多黑褐色菌核。

图 4-16　纹枯病症状(1)　　图 4-17　纹枯病症状(2)　　图 4-18　纹枯病症状(3)

2.发病特点

(1)玉米纹枯病主要发生在籽粒形成期至灌浆期,在玉米苗期很少发生。纹枯病主要为害叶鞘和果穗,也可为害茎秆,严重时引起果穗受害。发病初期,多在基部1～2茎节叶鞘上产生暗绿色水渍状病斑,以后扩展融合成不规则形或云纹状大病斑,逐渐向上扩展。病斑中部为灰褐色,边缘为深褐色,由下向上蔓延扩展。穗苞叶染病后也产生同样的云纹状斑。果穗染病后出现秃顶,籽粒细扁或变褐腐烂。严重时根茎基部组织变为灰白色,次生根呈黄褐色或腐烂。多雨、高湿等天气持续时间长时,病部长出稠密的白色菌丝体,菌丝进一步聚集成多个菌丝团,形成小菌核。

(2)病菌以菌丝和菌核在病残体或土壤中越冬。翌春的条件适宜时,菌核萌发产生菌丝,侵入寄主,之后病部产生气生菌丝,在病组织附近不断扩展。

(3)播种过密、施氮过多、湿度大、连阴雨时多易发病。主要发病期在玉米性器官形成期至灌浆充实期。苗期和生长后期的发病较轻。

3.防治技术

(1)农业防治

①实行轮作换茬,并及时清除病原,及时深翻,消除病残体及菌核。

②选用渝糯2号、本玉12号等抗(耐)病的品种或杂交种;选择生育期短、抗病能力强的优质高产品种。

③合理密植,采取扩行缩株种植方式,改善田间通风透光条件。

④施足基肥,适施氮肥,增施有机肥,补施钾肥,配施磷、锌肥。

⑤加强田间管理:开沟排水,降低田间湿度,结合中耕消灭田间杂草,控制发病条件;培土壅根防倒伏,抑制菌丝生长;摘除基部老叶病叶,带到田外销毁。

(2)药剂防治

①药剂拌种:用种量0.02%的浸种灵或种量2%的灵福合剂进行拌种,然后堆闷24~48小时。

②适时施药防治:当田间病株率为3%~5%时,每公顷喷洒1%井冈霉素0.5千克兑水200千克、50%甲基硫菌灵可湿性粉剂500倍液、40%纹霉星可湿性粉剂50~60克兑水200千克、50%多菌灵可湿性粉剂600倍液、50%苯菌灵可湿性粉剂1500倍液、50%退菌特可湿性粉剂800~1000倍液;也可用40%菌核净可湿性粉剂1000倍液或50%速克灵可湿性粉剂1000~2000倍液喷雾,隔7~10天再防治1次。喷药重点为玉米基部,用于保护叶鞘。施药前要剥除病叶叶鞘。

六、玉米病毒病

在我国为害玉米的病毒病主要是玉米粗缩病和矮花叶病。玉米粗缩病又名"坐坡"、"万年青"。植株发病后矮化,叶色浓绿,节间缩短,基本上不能抽穗,因此发病率几乎等于损失率,许多地块绝产失收,尤其春玉米和制种田发病最重。

玉米矮花叶病又名"花叶条纹病"、"黄绿条纹病",是国内玉米上发生范围广、危害性大的重要病害,轻病田可减产10%～20%,重病田可减产30%～50%,部分地块甚至绝产。

1. 症状识别

(1)玉米粗缩病 粗缩病在玉米整个生育期都可发病,以苗期受害最重。开始时在心叶中脉两侧的叶片上出现透明的断续的褪绿小斑点,以后逐渐扩展至全叶,呈细线条状;整株叶色浓绿,基部短粗,节间粗短,有的叶片宽短僵直,宽而肥厚。叶背面主脉及侧脉上产生长短、粗细不一的白色蜡条状突起,又称"脉突"。重病株严重矮化,雄穗退化,雌穗畸形,多不能抽穗,严重发病时不能结实。

图4-19 玉米粗缩病症状(1)

图4-20 玉米粗缩病症状(2)

(2)玉米矮花叶病 矮花叶病在玉米整个生育期都可发病,以苗期受害最重,抽穗后发病的玉米受害较轻。病苗最初在心叶基部叶脉间出现许多椭圆形褪绿小点或斑驳,沿叶脉排列成断续的长短不一的条点。随着病情发展,症状逐渐扩展至全叶,在粗脉之间形成几条长短不一、黄绿相间的条纹，叶脉间叶肉失绿变黄，叶脉仍保持绿色，因而形成黄绿相间的条纹，后出现淡红色条纹，最后干枯。发病早的病株黄弱瘦小，生长缓慢，株高常不足健株的1/2，严重矮化。病株多不能抽穗而提早枯死；少数病株虽能抽穗结籽，但穗长变短，千粒重下降。

2. 发病特点

（1）玉米粗缩病毒主要在小麦和杂草上越冬，也可在传毒昆虫体内越冬；玉米矮花叶病毒主要在田间多年生禾本科杂草寄主上越冬，作为主要初侵染来源。

图4-21　玉米矮花叶病症状(1)

图4-22　玉米矮花叶病症状(2)

（2）玉米播种越早，粗缩病发病越重，一般春玉米发病重于夏玉米。夏玉米套种发病重于纯作玉米；玉米靠近树林、蔬菜或耕作粗放时，一般发病都重。

（3）当越冬杂草寄主数量多，蚜虫密度大时，春玉米发病重，夏玉米发病也重。此外，春、夏玉米早播时发病轻，晚播时发病重；土质肥沃、保水力强的地块发病轻，砂质土、保水力差的瘠薄地发病重；田间管理好、杂草少的发病轻，管理粗放的发病重；套种田比直播田发病轻。

3. 防治技术

玉米病毒病的防治采取选用抗(耐)病品种、加强栽培管理、配合药剂防治的综合措施。

(1)种植抗病品种 农大 108 对粗缩病抗性较强,掖单 12、烟单 14、中单 2 号、沈单 7 号、鲁单 50、山农 3 号等对粗缩病也有一定抗性;农大 108、鲁单 46、鲁单 052、东岳 11 等较抗矮花叶病。

(2)加强和改进栽培管理 调整播期,适期播种春、夏玉米是一项增产防病措施,尤其要早播夏玉米,以减少蚜虫传毒的有效时间。还要中耕除草,清除毒源寄主,及时追肥浇水。

(3)药剂防治 用含克百威的种衣剂进行包衣,防治苗期害虫;喷施植病灵、83-增抗剂、菌毒清等药剂。

第五章
油菜病害防治技术

我国已发现油菜病害 34 种,其中真菌病害 22 种,病毒病害 4 种,细菌病害 4 种,线虫病害 2 种和生理病害 2 种。油菜的主要病害有菌核病、霜霉病、病毒病、白锈病和猝倒病等。严重年份可导致产量损失 30% 以上,发病严重地区可导致产量损失 80% 以上。

一、油菜菌核病

油菜菌核病在我国长江流域和东南沿海地区发病最为普遍和严重,一般发病率为 10%~30%,严重时达 80% 以上,造成减产 10%~70%,使油菜的含油量锐减。

油菜在各生育阶段均可感病,以开花结果期发病最多。病菌能侵染油菜地上各部分,尤以茎秆受害造成的损失最重。

1. 症状识别

油菜在苗期感病后,茎基部和叶柄上出现红褐色斑点,然后斑点扩大,转为白色,组织腐烂,上面长出白色絮状菌丝,最后病苗枯死,病组织外形成许多黑色菌核。

油菜在现蕾到成熟期发病的主要症状为,花瓣极易感染病菌,感病后颜色苍白,没有光泽,容易脱落到其他部位,可引起新的病斑。

成株期叶片发病多自衰老叶片开始,产生圆形或不规则形病斑。

病斑初呈暗青色水渍状,中心为灰褐色,中层为暗青色,外围有黄色晕圈。发病后期茎秆变空,皮层破裂,维管束外露如麻,病株茎秆干燥时易破裂、折断,内有鼠粪状黑色菌核。

茎秆发病后,产生中间灰白色、边缘褐色的病斑。后期髓部中空,极易折断,内有黑色菌核,病茎部以上枯死。

角果受害后,产生不规则形白斑,内部有菌核,种子干瘪。

图 5-1 菌核病症状(1)

图 5-2 菌核病症状(2)

2. 发病特点

越冬菌核是菌核病的初侵染来源。油菜在花期(2~4月份)发病与气候条件的关系:花期空气相对湿度小于60%时,发病很少;相对湿度小于75%时,发病较轻;相对湿度大于80%时,发病较重;相对湿度大于85%时,发病严重。旬降雨量小于10毫米时,发病很少;旬降雨量小于30毫米时,发病较轻;旬降雨量大于50毫米时,发病严重。油菜成熟前20天内大量降雨是病害流行的主要原因。氮肥施用量过大时,油菜易感病。

图 5-3 菌 核

3. 防治技术

油菜菌核病的防治以预测预报为前提,以农业防治为基础,以油菜花期适时药控为关键,全面推广综合防治技术。

(1)农业防治

①轮作换茬,与禾本科植物轮作,以水旱轮作最佳,旱地轮作应持续3年以上。

②选用早熟、高产、抗(耐)病品种,甘蓝型、芥菜型油菜比白菜型油菜抗病;中油821较抗病。适时播种,错开谢花盛期与病菌孢子主要传播期,是防治油菜菌核病的一个根本措施。

③开深沟排水,做到雨停不积水,以降低地下水位和田间湿度。

④深耕深翻、深埋菌核:可在2~3月份及时中耕松土,以破坏子囊盘,抑制菌核的萌发,减少菌源,并促进油菜健壮生长,提高抗病力。

⑤合理施肥,达到"冬壮春发"的标准,稳长不旺,提高抗病力。

⑥种子处理。可用10%盐水对种子进行漂洗,除去上浮的秕粒和菌核,把下沉的种子用清水洗净,晾干后再播种。

⑦摘除老黄叶和病叶。一般在3月底至4月中旬摘除下部的黄叶和病叶,减少病源,提高通风透光率,提高油菜产量。

(2)药剂防治 在油菜初花后,根据病情确定喷药次数,将药液尽量喷在植株中下部,当盛花期叶病株率在10%以上、茎病株率为1%时开始防治。每公顷用50%多菌灵可湿性粉剂2250克或65%代森锌可湿性粉剂1500克、40%纹枯利可湿性粉剂750克,兑水50千克喷雾,还可用其他药剂如菌核净、灭病威、甲基硫菌灵等,一般7~10天喷1次,共喷2~3次。对感病品种和长势过旺的田块,应在第1次施药后的1星期左右,喷施第2次药液。

二、油菜霜霉病

油菜霜霉病自苗期到开花结荚期都有发生,主要为害叶、茎、花和果,影响菜籽的产量和质量。

1. 症状识别

叶片发病后,初为淡黄色斑点,后扩大成黄褐色大斑,受叶脉限制呈多角形或不规则形,叶背面病斑上出现霜状霉层;茎、薹、分枝和花梗感病后,初生褪绿斑点,后扩大成黄褐色不规则形斑块;花梗发病后,有时肥肿、畸形,花器变绿、肿大,呈"龙头拐"状,表面光滑,上有霜状霉层,感病严重时叶片枯落,直至全株死亡。

图5-4 油菜霜霉病症状(1)

图5-5 油菜霜霉病症状(2)

图5-6 "龙头拐"状花梗

图5-7 油菜霜霉病症状(3)

2. 发病特点

初侵染源主要来自在病残体、土壤和种子上越冬、越夏的卵孢子。病斑上产生的孢子囊随风雨及气流传播,形成再侵染。冬油菜区,秋季感病叶上的菌丝或卵孢子在病叶中越冬,常造成翌年再次传

第五章 油菜病害防治技术

播流行。春季油菜开花结荚期间，遇到寒潮频繁、时冷时暖的天气时发病严重。

3.防治技术

(1)农业防治

①选用甘蓝型油菜等丰产抗病品种。

②实行水旱轮作，避免连作。

③及时剪除肿胀花枝，并带到田外深埋。

④开深沟排水除湿，深翻耕并及时中耕松土，破坏子囊盘，减少菌源。

⑤做好田间管理工作，清沟排渍，合理施肥，减少氮肥施用量，适当增施磷、钾肥，并适时摘除老叶、黄叶和病叶等。

(2)药剂防治

①苗期用 1∶1∶200 波尔多液喷于叶子的背面，一般防治 1～2 次。

②初花期病叶率达 10％时进行第 1 次防治，隔 5～7 天进行第 2 次防治。如阴雨天气多，最好防治 3 次。植株上下部均应喷药，可使用 50％瑞毒霉素可湿性粉剂 800～1000 倍液、75％百菌清可湿性粉剂 600 倍液、50％退菌特粉剂 1000 倍液、70％乙膦·锰锌可湿性粉剂 500 倍液等药剂，喷施量为 750～900 千克/公顷。

三、油菜病毒病

油菜病毒病又称"花叶病"，是油菜常见的病害，在全国各油菜产区均有发生，流行年份重病区产量损失 20％～30％。油菜病毒病主要通过蚜虫传播。

1.症状识别

不同类型油菜上的病毒病的症状差异很大。

(1) 甘蓝型油菜

甘蓝型油菜苗期的症状有：

①黄斑和枯斑。两者常伴有叶脉坏死和叶片皱缩，老叶先显症。前者病斑较大，呈淡黄色或橙黄色，病健区分界明显。后者病斑较小，呈淡褐色，略凹陷，中心有一黑点，叶背面病斑周围有一圈油渍状灰黑色小斑点。

②花叶。与白菜型油菜花叶相似，支脉和小脉呈半透明，叶片成为黄绿相间的花叶，有时出现疱斑，叶片皱缩。

甘蓝型油菜成株期茎秆上的症状有：

①条斑。病斑初为褐色至黑褐色梭形斑，之后成为长条形枯斑，枯斑连片后常致植株半边或全株枯死。后期病斑出现纵裂，裂口处有白色分泌物。

②轮纹斑。在菱形或椭圆形病斑中心开始为针尖大小的枯点，其周围有一圈褐色油渍状环带，整个病斑稍凸出，以后病斑逐渐扩大，中心为淡褐色枯斑，上有分泌物，外围有2～5层褐色油渍状环带，形成同心圈。病斑连片后呈花斑状。

③点状枯斑。茎秆上散生黑色针尖大小的小斑点，枯斑周围稍呈油渍状，病斑连片后斑点不扩大。发病株一般矮化、畸形，薹茎短缩，花果丛集，角果短小扭曲，上有小黑斑，有时似鸡爪状。

(2) 白菜型和芥菜型油菜
病株在苗期出现花叶和皱缩，后期植株矮化，茎和果轴短缩。

图5-8 油菜病毒病（白菜型）

图5-9 油菜病毒病（甘蓝型）

2. 发病特点

油菜病毒病的病原主要为芜菁花叶病毒，其寄主范围广，主要由蚜虫传播。初侵染源主要来自于十字花科蔬菜、自生油菜等感病寄主上的带毒蚜虫。油菜在子叶至抽薹期均可感病。冬天病毒在植株体内越冬，春天又显症。秋天温度为15~20℃、干旱少雨、蚜虫迁飞量大时易导致发病。

图5-10　油菜病毒病(芥菜型)

3. 防治技术

油菜病毒病的防治以预防为主，要重点预防苗期感病，防止蚜虫传毒是防治本病的关键。

(1)农业防治

①选用杂97060、杂98033、杂双2号、杂双4号、丰油9号、丰油10号等抗病品种。

②适期播种。在秋季气温高、秋季干旱的年份，适当推迟播期，错开有效蚜迁飞高峰的时间，可减轻病毒病的危害。

③选地种植。选择远离蔬菜区、前茬不是十字花科作物的田块，集中种植油菜，集中管理治蚜。此外增施磷肥，适当减少氮肥用量，并及时抗旱。

④经常检查田块，发现病株应及时销毁，减少病源。

(2)诱杀蚜虫　在油菜地设置黄板，诱杀蚜虫。

(3)药剂防治

①彻底治蚜，在油菜出苗前和苗期，加强对油菜地附近十字花科蔬菜(如白菜、萝卜等)上蚜虫的防治，或在油菜苗长出真叶后，每公顷用40%乐果乳油240毫升兑水750千克，或50%抗蚜威可湿性粉剂300克兑水750千克喷杀蚜虫，每隔7天左右喷1次，连治2~3次。

②移栽前用乐果溶液喷 1 次,或在拔苗后用乐果溶液蘸苗后再移栽,杀灭蚜虫,减少病害。

四、油菜白锈病

油菜白锈病在全国各油菜产区都有发生,常与油菜霜霉病并发,在云南、贵州等高原地区和长江下游地区发病较重。该病由白锈菌侵染所引起,油菜从苗期到开花结荚期均可受害,尤其在抽薹开花期受害最重,造成严重减产。流行年份发病率为 10%～50%,减产 5%～20%,含油量降低 1.05%～3.29%。油菜白锈病除为害油菜外,还为害其他十字花科蔬菜。

1. 症状识别

从苗期到成株期油菜白锈病都可发生,主要为害叶片、茎、花、角果荚。叶片发病后,先在叶面出现淡绿色小斑点,以后变为黄绿色,并在病部的叶背面长出隆起的有光泽的白色小疱斑,一般直径为 1～2 毫米,有时叶面也长疱斑。病害发生严重时,疱斑密布全叶,后期疱斑破裂,散出白粉。茎和花梗(轴)受害后,长出白色疱斑,多呈长圆形或短条状。由于病菌的刺激,植株显著肿大,使幼茎和花轴发生肿胀弯曲,呈"龙头"状,故白锈病有"龙头病"之称。种荚受害后肿大畸形,不能结实。花器受害后,花瓣畸形、肿大、变绿,呈叶状,久不凋落,不结实,并长出白色疱斑。角果受害后,亦长出白色疱斑。

图 5-11 "龙头"状花轴

图 5-12 油菜白锈病症状

2. 发病特点

(1) 低温、高湿条件下发病重　孢子囊萌发的温度范围为 0～25℃，最适温度为 10℃ 左右，侵入寄主的适宜温度为 10～18℃。在油菜抽薹开花期，若雨量大、雨日多、相对湿度高，则病害发生严重。

(2) 病害侵染循环　病原菌以卵孢子在病株残体、土壤和种子上越夏、越冬。在秋播油菜苗期，卵孢子萌发并产生游动孢子，借雨水溅至叶上，从叶片气孔侵入，引起初次侵染。病斑上产生孢子囊，又随雨水传播，进行再侵染。冬季以菌丝或卵孢子在寄主组织内越冬。

(3) 栽培管理与病害的发生流行关系密切　连作地和前作为十字花科蔬菜的田地上，白锈菌菌源多，发病重；前作为水稻地，则发病轻。早播油菜发病重，适当晚播油菜发病轻。种植过密，施用氮肥过多、过晚，尤其是在抽薹开花期施氮肥过多，后期贪青倒伏的油菜发病重。地势低洼、排水不良、土质黏重、浇水过多的地块和湿度大的田块，发病均较重。

(4) 品种间的抗病性有显著差异　3 种类型油菜中，芥菜型的抗病性最强，甘蓝型次之，白菜型最弱。就甘蓝型而言，品种间的抗病性差异也十分明显。

(5) 同一品种在不同生育阶段的感病能力有一定差异　油菜在 5～6 片真叶期和抽薹开花期容易感病，通常在苗期和开花期出现 2 次发病高峰。但苗期的病害程度与成株期"龙头"数量并不完全一致。油菜在抽薹开花期，由营养生长转向生殖生长，是同化作用的最盛时期，由于茎薹组织柔嫩，生长条件又适合病菌的侵入，因此油菜的抽薹开花期是油菜生长期中抗病力最弱的时期，如遇阴雨、高湿，病害就容易大流行。

3. 防治技术

油菜白锈病的防治应采取以农业技术防病为基础、以药剂防治为辅的综合防治措施。

(1)选用抗病品种 选种适应当地环境、高产抗病的芥菜型和甘蓝型油菜品种。

(2)加强栽培管理

①实行轮作：与水稻或非十字花科作物轮作，有利于减少土壤中的菌源。

②合理施肥：施足基肥，早施薹肥，巧施花肥，增施磷、钾肥，以防止贪青倒伏，可减轻发病。

③合理灌水：及时排除积水，降低田间湿度，形成不利于病菌侵入和蔓延的环境条件。

④摘除病叶：油菜抽薹后，多次摘除老叶、病叶，并将其带到田外深埋或烧毁，以减少田间菌源，可减少后期"龙头"的发生。当出现"龙头"时及时剪除，集中烧毁。

⑤无病株留种或播前用10％盐水选种，将下沉的种子用清水洗净，晾干后播种。

⑥及时间苗，加强通风透光，严格剔除病苗。

(3)药剂防治

一般在油菜薹高17～33厘米时或初花期开始喷第1次药，以后间隔5天再喷1次，如阴雨天多，最好喷治3次。药液量为75～125千克/公顷，要求药液喷洒均匀。可选用以下药剂：瑞毒霉锰锌1000倍液、灭菌丹300～500倍液、代森锌500～600倍液、5％二硝散可湿性粉剂200倍液、福美双300～500倍液、50％退菌特可湿性粉剂800倍液以及波尔多液1∶1∶200等。

五、油菜猝倒病

油菜猝倒病是油菜苗期的常见病害，是由瓜果腐霉引起的真菌病害，主要为害茎基部位，常造成死苗，严重影响油菜产量。

1. 症状识别

幼苗发病后，在茎基部近地面处产生水渍状斑，以后变黄腐烂，并逐渐干缩折断而死亡。根部发病后出现褐色斑点，严重时地上部分萎蔫，从地表折断，湿度大时病部或土表密生白色絮状物，即病菌菌丝、孢囊梗和孢子囊。发病轻的幼苗可长出新的侧根和须根，但植株生长发育不良。

图 5-13 油菜猝倒病症状

2. 发病特点

(1) 病菌以卵孢子在 12～18 厘米表土层越冬，并在土中长期存活。翌春，遇有适宜条件时病菌萌发产生孢子囊，以游动孢子或直接长出芽管侵入寄主。此外，在土中营腐生生活的菌丝也可产生孢子囊，以游动孢子侵染幼苗，引起猝倒。田间的再侵染主要靠病苗上产出的孢子囊及游动孢子，借灌溉水或雨水溅到贴近地面的根茎上，引起更严重的病害。病菌侵入植株后，在皮层薄壁细胞中扩展，菌丝蔓延于细胞间或细胞内，以后在病组织内形成卵孢子越冬。

(2) 病菌生长的适宜温度为 15～16℃，适宜发病地温为 10℃，温度高于 30℃时病菌生长受到抑制，低温对寄主生长不利，但病菌尚能活动，尤其在育苗期出现低温、高湿时，易导致发病。当幼苗子叶养分基本用完、新根尚未扎实之前是感病期。这时真叶未抽出，碳水化合物不能迅速增加，植株的抗病力弱，遇到雨、雪等连阴天或寒流侵袭时，幼苗的呼吸作用增强，消耗加大，使幼茎细胞伸长，细胞壁变薄，病菌会乘机侵入。因此，该病主要在幼苗长出 1～2 片叶之前发生。

3. 防治技术

(1) **苗床处理** 用 50% 福美双 200 克拌土 100 千克,或每平方米用 50% 多菌灵、50% 敌克松 8 克混土 20 倍混匀撒施,或用 40% 的拌种双粉剂拌种或进行土壤处理。

(2) **加强田间管理** 适时中耕,开沟排渍,合理密植。

(3) **药剂防治** 可用 25% 瑞毒霉可湿性粉剂 825～990 克/公顷加水 50 千克,或用 75% 百菌清 1000 倍液、3.2% 恶甲水剂 300 倍液、95% 恶霉灵精品 4000 倍液、72.2% 普力克水剂 400 倍液,喷药液量为 2～3 升/米^2。

第六章 水稻虫害防治技术

水稻虫害是严重影响水稻产量和稻谷品质的因素。据世界粮农组织统计,全世界有1300多种水稻害虫。我国水稻害虫种类有380多种,重要的有30多种,如稻纵卷叶螟、三化螟、二化螟、稻飞虱、稻瘿蚊、稻苞虫、稻蓟马、稻水象甲等。一般年份稻谷可损失10%左右,大发生年份损失达20%。若不防治,平均每年减产稻谷可达30亿千克。

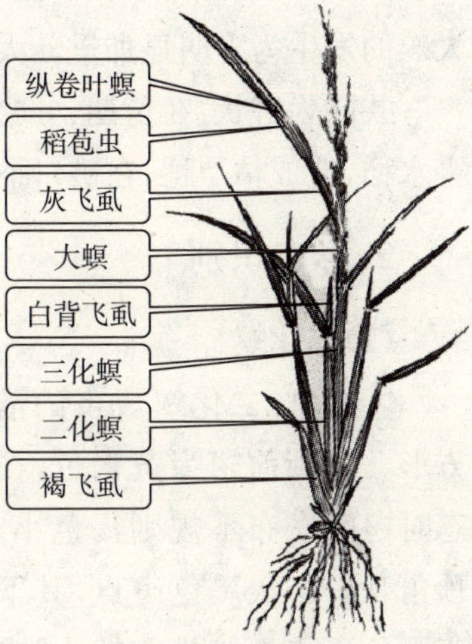

防治水稻害虫时要根据害虫通常栖息为害的部位进行施药,对准靶标,稳准狠地消灭害虫。

图6-1 水稻重要害虫生态位

稻纵卷叶螟、稻苞虫一般在植株上部;白背飞虱、三化螟一般在植株中部;二化螟和褐飞虱一般在茎秆下部。

安徽省水稻害虫可分为2类:一是外源性害虫,即远距离迁飞性害虫,如褐稻虱、白背稻虱、稻纵卷叶螟、黏虫等;二是内源性害虫,即本地虫源、本地繁殖、本地为害的害虫,如三化螟、二化螟、大螟、灰飞虱、稻蓟马等。

一、水稻螟虫

1. 分布与为害

水稻螟虫主要包括二化螟、三化螟和大螟。

二化螟:二化螟是南北各稻区的主要害虫,为温带性昆虫,主要寄主有水稻、小麦、玉米、高粱、茭白、甘蔗、粟、慈姑、蚕豆、油茶及芦苇等。

三化螟:三化螟是南方稻区的主要害虫,为热带性昆虫,分布于长江流域及其以南稻区,在沿海、沿江平原地区为害最重,食性专一,仅为害水稻和野生稻。

大螟:大螟分布于长江流域及其附近稻区。自从杂交稻推广后,大螟的发生为害明显加重。大螟的食性杂,与二化螟相似。

共同为害状:在苗期、分蘖期为害水稻,造成枯心苗;在孕穗期为害水稻,造成枯孕穗;在破口抽穗期为害水稻,造成白穗。

2. 形态识别

(1) 二化螟

①成虫:二化螟成虫的前翅为长方形。雄蛾前翅为黄褐色,在静止状态时翅面密布不规则褐色小点,中室顶角有一个灰黑色斑点,其下有3个灰黑色斑点。雌蛾前翅为淡黄褐色,外缘有7个小黑点。

②幼虫:二化螟的幼虫为淡红褐色或淡褐色,体背有5条暗褐色纵线,其中1条为背线、2条为亚背线、2条为气门线。

图6-2 二化螟成虫

③卵粒:二化螟的卵粒排列成鱼鳞状。

(2) 三化螟

①成虫:雌蛾中室顶角有1个小黑点,腹部末端有黄褐色毛丛。

雄蛾中室顶角有1个小黑点,顶角至后缘中部有1条斜纹。

图6-3 二化螟幼虫

图6-4 二化螟卵块

②幼虫:幼虫体长20～30毫米,胸腹部为黄绿色或淡黄色,体背有1条半透明的纵线,腹足趾钩为单序全环。

图6-5 三化螟成虫

图6-6 三化螟幼虫

③卵:卵为长椭圆形,块产,上盖棕色绒毛,呈蜡白色至灰黑色。

④蛹:蛹为黄绿色,羽化前为金黄色(雌)或银灰色(雄),雄蛹后足伸达第7腹节或稍超过,雌蛹后足伸达第6腹节。

图6-7 三化螟卵

图6-8 三化螟蛹

(3)大螟

①成虫：雌蛾体长约15毫米，翅展约30毫米，头部、胸部为浅黄褐色，腹部为浅黄色至灰白色；触角呈丝状，前翅近长方形，浅灰褐色，中间具小黑点4个，排成四角形。雄蛾体长约12毫米，翅展约27毫米，触角呈栉齿状。

②幼虫：幼虫共5～7龄。末龄幼虫体长约30毫米，粗壮，为红褐色至暗褐色。

图6-9　大螟成虫

图6-10　大螟幼虫

③卵：卵为扁圆形，初为白色，后变为灰黄色，表面具细纵纹和横线，聚生或散生，常排成2～3行。

④蛹：蛹长13～18毫米，粗壮，红褐色，腹部具灰白色粉状物，臀棘有3根钩棘。

图6-11　大螟蛹

3.为害规律

(1)三化螟　三化螟专食水稻，以幼虫蛀茎为害，使水稻在分蘖期形成枯心，在孕穗至抽穗期形成枯孕穗和白穗，三化螟转株为害还形成虫伤株。"枯心苗"及"白穗"是三化螟为害稻株的主要症状。分蘖期和孕穗至破口露穗期是水稻受螟害的危险生育期。

(2)二化螟　二化螟的寄主除水稻外，还有玉米、谷子、甘蔗、茭白、芦苇及禾本科杂草。二化螟为害水稻主要造成枯心、枯鞘、半枯穗、死孕穗、白穗和虫伤株等症状。成虫在夜晚活动,有趋光性。幼虫2龄后,二化螟开始分散蛀茎,造成枯心或白穗;幼虫老熟后,在稻茎基部或茎与叶鞘之间化蛹。天敌对二化螟的自然控制能力较强。

图6-12 二化螟典型为害状
（左:虫伤株;右:枯心苗）

图6-13 二化螟为害状

(3)大螟 大螟幼虫主要为害水稻、小麦、玉米、甘蔗、高粱、茭白、向日葵等,为害症状与二化螟相似。大螟通常蛀入稻茎内为害,可造成枯鞘、枯心、死孕穗、白穗和虫伤株,但一般蛀孔较大,并有大量虫粪排出蛀孔外。成虫白天潜伏于杂草丛中或稻丛基部,夜晚飞出活动,趋光性弱。幼虫孵化后,群集于叶鞘内侧为害,造成枯鞘,2～3龄后,分散蛀入邻近稻株的茎秆。幼虫多从稻株基部3～4节处蛀入,造成枯心苗或白穗。幼虫为害多不过节,一节食尽即转株为害,一头可为害3～4株。幼虫老熟后,多在稻茎或枯叶鞘内化蛹。

4.防治技术

(1)农业防治

①处理残株、稻桩,在水稻栽插前铲除田边杂草或齐泥割稻,拾起冬作田的外露稻桩并销毁。

②春耕灌水,淹没稻桩10天,或早稻收割后,将稻草及时挑离稻田,曝晒数天,杀死稻草内大部分二化螟幼虫,同时将稻桩及时翻入

泥下,灌满田水,杀死稻桩内螟虫。

③选用良种,调整播期,使水稻的危险生育期避开蚁螟孵化盛期。

④合理进行肥水管理。

⑤在成虫羽化之前处理完稻草,或于螟蛾羽化始盛期向稻草堆上喷药。

(2)生物防治 稻螟虫的天敌种类很多,寄生性的天敌有稻螟赤眼蜂、黑卵蜂和啮小蜂等,捕食性天敌有蜘蛛、青蛙、隐翅虫等,对这些天敌都应采取保护措施。

(3)化学防治

①二化螟。在2~3代二化螟区,应采取"狠治1代,挑治2代"的策略。对于第1代二化螟,在水稻初见枯鞘时就施药防治,或在螟卵孵化高峰后3天施药。

②三化螟。防治"枯心":若防治1次,应在蚁螟孵化盛期用药;若防治2次,应在孵化始盛期施第1次药,5~7天后再施药1次。在分蘖期,始见枯鞘时用药防治,7~10天后再施药1次。

防治"白穗":在蚁螟盛孵期内,破口期是防治白穗的最好时期。当破口5%~10%时,施药1次,若虫量大,5~7天后再施药1~2次。用药的同时应保持寸水5~7天。

常用药剂有30%触到、15%阿维·毒、稻虫恨、三唑磷、3.6%杀虫单颗粒剂等。

二、稻纵卷叶螟

稻纵卷叶螟别名"刮青虫",属于鳞翅目、螟蛾科。稻纵卷叶螟是东南亚和东北亚稻区为害水稻的一种迁飞性害虫,在我国各省区均有分布。自20世纪70年代以来,稻纵卷叶螟的发生率逐年增加,已成为影响水稻生产的重要害虫之一。一般可减产20%~30%,大发生时稻田一片枯白,甚至颗粒无收。

1. 分布与为害

稻纵卷叶螟的周年繁殖区：1月份平均气温16℃等温线以南的广西桂南地区、钦州、雷州半岛、海南岛、台湾省的南端以及滇南冬季温暖区。越冬区：1月份平均气温4～16℃等温线之间，岭南为常年越冬区，岭北为零星越冬区。冬季死亡区：1月份平均气温4℃等温线以北地区。

稻纵卷叶螟主要为害水稻，有时为害小麦、甘蔗、粟、禾本科杂草等。

2. 形态识别

(1)成虫　成虫体长7～9毫米，翅展约18毫米，灰黄色，前翅的前缘和外缘有灰黑色宽带，翅中部有3条黑色横纹，中间1条较粗短。

(2)幼虫　幼虫一般有5龄，老熟时体长为15～18毫米。头部为褐色，胸腹部初为绿色，后变为黄绿色，老熟时为浅红褐色。前胸背板后缘有2个螺形黑纹，中、后胸背面各有8个明显小黑圈，前排6个，后排2个。

图6-14　稻纵卷叶螟成虫

(3)蛹　蛹长7～10毫米，初为黄色，后转为褐色，呈长圆筒形。

(4)卵　卵长约1毫米，为椭圆形，初产时白色透明，近孵化时呈淡黄色。

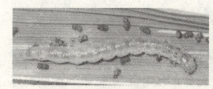

图6-15　稻纵卷叶螟幼虫

图6-16　稻纵卷叶螟蛹

3. 为害规律

(1)稻纵卷叶螟是一种远距离迁飞性害虫,具有夏季随季风向北迁飞、秋季随季风向南迁飞的特点。

(2)成虫有很强的趋绿性、趋湿性和群集性,喜欢在生长繁茂、嫩绿荫蔽的稻田里群集,在分蘖期和孕穗期为害较重。

(3)初孵出的幼虫先在嫩叶上取食叶肉,很快即到叶尖处吐丝卷叶,在里面取食。随着虫龄增大、叶苞增大,幼虫白天躲在苞叶内取食,晚上出来活动或转移到新叶上卷苞取食。老熟幼虫多在稻株下部枯死的叶鞘或叶片上结茧化蛹。

(4)在南岭以北到北纬30°地区一年多发生5~6代,有世代重叠现象。以幼虫和蛹在田边、沟边禾本科杂草上越冬,抗寒能力弱。

(5)其他特性:夜出性;趋光性;成虫具有补充营养的习性;喜欢产卵于稻叶宽的品种,散产于叶中脉附近,一般每次产卵2~5粒;2龄以后幼虫才开始卷苞取食。

图6-17 稻纵卷叶螟为害状(1)

图6-18 稻纵卷叶螟为害状(2)

4. 防治技术

(1)农业防治　禾苗特别浓绿时,会引诱稻纵卷叶螟集中产卵,此类稻田中稻纵卷叶螟的危害特别重。因此,在水稻生长前期要施足基肥和追肥,加强田间管理,使水稻生长健壮,防止前期猛发旺长、后期贪青迟熟。

(2) **物理防治** 采用频振式杀虫灯诱杀成虫。

(3) **化学防治** 使用化学农药时,最好在纵卷叶螟 3 龄幼虫高峰期(卷叶尖峰期)喷施,有利于保护纵卷叶螟绒茧蜂等寄生蜂。在水稻生长的中后期,重点保护剑叶和剑叶下的两片功能叶。达到防治指标的田块,仍需用药防治。

目前,主要使用阿维菌素、甲氨基阿维菌素苯甲酸盐、毒死蜱、丙溴磷、三唑磷、辛硫磷、乙酰甲胺磷、虫酰肼、呋喃虫酰肼、氟铃脲、氟啶脲、茚虫威、氯虫苯甲酰胺和氟虫双酰胺等药剂,以及这些药剂的混配剂,如福歌、稻腾、首捷等。其中,阿维菌素的药效最好,使用最广。一般在幼虫孵化盛期或在 3 龄幼虫盛期施药。

三、稻飞虱

稻飞虱主要有褐飞虱、白背飞虱和灰飞虱等 3 种。近年来褐飞虱在中、晚稻上严重发生,并有爆发危害。稻飞虱有长翅和短翅 2 种翅型,前者可以迁飞,后者的繁殖能力强,多的卵量过千,是造成爆发危害的主要因素。

1. 分布与为害

(1) **褐飞虱** 褐飞虱是长江以南各省水稻上的主要害虫之一,有远距离迁飞习性。褐飞虱为单食性害虫,只能在水稻和普通野生稻上取食和繁殖后代。

(2) **白背飞虱** 白背稻虱亦属于长距离迁飞性害虫。我国广大稻区的白背飞虱是从南方热带稻区随气流逐代逐区迁移而来,其迁入时间一般早于褐飞虱。白背飞虱在长江流域以南各省区发生危害较重,其寄主主要有水稻、玉米、大麦、小麦、甘蔗、高粱、稗草、早熟禾等。

(3) **灰飞虱** 灰飞虱在全国各地均有发生,以长江中下游和华北地区发生较多。灰飞虱的寄主是水稻、小麦、玉米、稗及各种草坪禾草等禾本科植物。

2.形态识别

(1)褐飞虱

①成虫:褐飞虱的成虫有长翅型和短翅型2种。长翅型成虫体长3.6～4.8毫米,短翅型成虫体长2.5～4.0毫米。成虫体色为黄褐色或黑褐色,有油状光泽。头顶近方形,额近长方形,中部略宽,触角稍伸出额唇基缝,后足基跗节外侧具2～4根小刺。前翅为黄褐色,透明,翅斑为黑褐色。短翅型成虫前翅伸达腹部第5～6节,后翅均退化。雄虫阳基侧突似蟹钳状,顶部呈尖角状,向内前方突出;雌虫产卵器基部两侧、第1载瓣片的内缘基部突起,呈半圆形。

图6-19 褐飞虱长翅型成虫

图6-20 褐飞虱短翅型成虫

②若虫:若虫共5龄。1龄若虫体长约1.1毫米。体色为黄白色,腹部背面有一倒凸形浅色斑纹,后胸显著较前、中胸长,中、后胸后缘平直,无翅芽。2龄若虫体长约1.5毫米。初期体色同1龄若虫,倒凸形斑内渐现褐色;后期体色呈黄褐色至暗褐色,倒凸形斑渐模糊。翅芽不明显,后胸稍长,中胸后缘略向前凹。3龄若虫体长约2.0毫米。体色为黄褐色至暗褐色,腹部第3～4节有1对较大的浅色斑纹,第7～9节的浅色斑呈"山"字形。翅芽已明显可见,中、后胸

后缘向前凹成角状,前翅芽尖端不到后胸后缘。4龄若虫体长约2.4毫米。体色斑纹同3龄若虫,斑纹清晰,前翅芽尖端伸达后胸后缘。5龄若虫体长约3.2毫米。体色斑纹同3龄和4龄若虫。前翅芽尖端伸达腹部第3~4节,前翅芽尖端与后翅芽尖端相接近,或前翅芽尖端稍超过后翅芽尖端。

③卵:卵粒呈香蕉状,长约1毫米,宽约0.22毫米。卵帽的高大于宽,顶端为圆弧形,稍露出产卵痕,露出部分近似短椭圆形,粗看似小方格,清晰可数。卵在初产时为乳白色,渐变为淡黄色至锈褐色,并出现红色眼点。卵一般产在叶鞘和叶片组织内,排成一条,称为"卵条"。

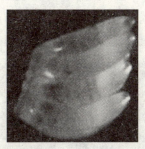

图6-21 褐飞虱卵块

(2)白背飞虱

①成虫:成虫有长翅型和短翅型2种。长翅型成虫体长4~5毫米,灰黄色。头顶较狭,突出在复眼前方,颜面部有3条凸起纵脊,脊色淡,沟色深,黑白分明,胸背小盾板中央长有1个五角形的白色或蓝白色斑。雌虫的两侧为暗褐色或灰褐色,而雄虫的两侧为黑色,并在前端相连,翅为半透明,两翅会合线中央有一黑斑。短翅型雌虫体长约4毫米,灰黄色或淡黄色,翅短,仅为腹部的一半。

图6-22 白背飞虱长翅型成虫　　图6-23 白背飞虱短翅型成虫

②若虫：若虫共5龄。末龄若虫为灰白色，长约2.9毫米。

③卵：卵呈尖辣椒形，细瘦，微弯曲，长约0.8毫米，初产时为乳白色，后变为淡黄色，并出现2个红色眼点。

(3) 灰飞虱

①成虫：成虫有长翅型和短翅型2种。长翅型成虫体长3.5～4.2毫米，为黄褐色至黑褐色，前翅呈淡灰色、半透明，有翅斑。短翅型成虫体长2.1～2.8毫米，翅长仅为腹部的2/3，其余特征均同长翅型。

图6-24　白背飞虱卵

图6-25　灰飞虱成虫

②若虫：若虫共5龄。1龄若虫体长1.0～1.1毫米，体色为乳白色至淡黄色，胸部各节背面沿正中有纵行白色部分。2龄若虫体长1.1～1.3毫米，黄白色，胸部各节背面为灰色，正中纵行的白色部分较1龄若虫明显。3龄若虫体长约1.5毫米，灰褐色，胸部各节背面的灰色增浓，正中线中央白色部分不明显，前、后翅芽开始出现。4龄若虫体长1.9～2.1毫米，灰褐色，前翅翅芽达腹部第1节，后胸翅芽达腹部第3节，胸部正中的白色部分消失。5龄若虫体长2.7～3.0毫米，体色灰褐增浓，中胸翅芽达腹部第3节后缘并覆盖后翅，后胸翅芽达腹部第2节，腹部各节分界明显，腹节间有白色的细环圈。越冬若虫体色较深。

③卵：卵呈长椭圆形，稍弯曲，长约1.0毫米，前端较细于后端。卵初产时为乳白色，后期为淡黄色。

3. 为害规律

(1)褐飞虱 褐飞虱主要为害水稻,也可为害小麦、玉米、甘蔗等,以成虫、若虫群集在稻茎秆部刺吸汁液。成虫产卵时可划破茎叶组织,严重时导致死秆倒伏。褐飞虱还可传播水稻黑条矮缩病。

初次虫源都是从南方热带稻区迁飞而来。成虫多在水稻茎秆和叶背取食,有趋光性和趋嫩绿习性。卵多产于水稻叶鞘肥厚部分的组织中,也有的产于叶片基部中脉内。若虫多生活于稻丛下部。

图 6-26 褐飞虱为害状(1)　　图 6-27 褐飞虱为害状(2)

(2)白背飞虱 白背飞虱的为害规律同褐飞虱。

图 6-28 白背飞虱为害状(1)　　图 6-29 白背飞虱为害状(2)

(3)灰飞虱 灰飞虱的寄主很多,除水稻外,还有麦类、看麦娘、游草、稗等禾本科植物。灰飞虱以成虫、若虫刺吸汁液为害,并传播多种病毒病。若虫在麦田、绿肥田、田边、沟边、塘边的看麦娘及游草上越冬。成虫具有趋光性和趋嫩绿习性。成虫和若虫常栖息于稻株下部。灰飞虱耐寒畏热,适宜温度为 23～25℃,夏季高温对其发生极为不利,是虫量增长的限制因子。大量偏施氮肥或施肥过迟,使稻苗生长过分嫩绿,会引诱成虫产卵。

图 6-30　灰飞虱为害状

4.防治技术

在选用抗(耐)虫品种、加强水肥管理、准确掌握虫情的基础上,适时合理地使用药剂防治,并充分保护和利用有益生物。

(1)农业防治

①加强田间管理。连片种植水稻,合理布局,避免褐飞虱辗转为害;适时烤田、搁田、沟渠配套、浅水勤灌,防止长期漫灌;合理施肥,施肥要做到促控结合,防止水稻前期猛发、封行过早或后期贪青晚熟。

②种植抗虫品种。选用汕优 6 号、秀水 620 和包胎矮等抗虫高产品种。

(2)保护和利用天敌　应加强保护和利用稻飞虱的各种天敌,尤其是在化学防治时应注意使用选择性药剂,调整用药时间,改进施药方法,减少用药次数,以避免大量杀伤天敌,使天敌充分发挥对稻飞虱的抑制作用。此外,在稻田里放鸭食虫,对稻飞虱的防治也可收到显著效果。

(3)化学防治　以治虫保穗为目标,采取"压前控后"和狠治主害代的策略,在 2 龄和 3 龄若虫盛期用药。

选用对天敌没有杀伤但作用慢的 25% 扑虱灵可湿性粉剂 450 克/公顷,比常规农药提前 3～5 天使用,以利于后期天敌发挥控制作用。

用10%吡虫啉可湿性粉剂300克/公顷、25%速灭威可湿粉2250克/公顷、10%叶蝉散可湿性粉剂2250克/公顷或80%敌敌畏乳油2250克/公顷,兑水750千克喷雾,均具有较好效果。

四、稻蓟马

稻蓟马的成虫、若虫能锉吸叶片吸取汁液,使稻叶出现花白斑或使叶尖卷褶枯黄,受害严重的秧苗返青慢,萎缩不发;稻蓟马亦可为害穗粒和花器,造成籽粒不实。稻蓟马为害心叶,常引起叶片扭曲,叶鞘不能伸展,还破坏颖壳,形成空粒。

1. 分布与为害

稻蓟马在全国各稻区均有发生,其寄主有水稻、小麦、玉米、粟、高粱等。

2. 形态识别

(1) **成虫** 成虫体长1.0～1.3毫米,黑褐色,头近似方形,触角7节;翅为淡褐色、羽毛状,雌虫腹末为锥形,雄虫腹末较圆钝。

(2) **若虫** 若虫共4龄。4龄若虫又称"蛹",长0.8～1.3毫米,淡黄色,触角折向头与胸部背面。

(3) **卵** 卵为肾形,长约0.26毫米,黄白色。

图6-31 稻蓟马成虫

图6-32 稻蓟马若虫

3. 为害规律

(1)稻蓟马的生活周期短,发生代数多,世代重叠,多数以成虫在水稻、茭白及禾本科杂草上越冬。

(2)稻蓟马常以成虫在稻桩、落叶及杂草中越冬。4月下旬水稻秧苗露青后,成虫大量迁往稻秧田及分蘖期稻田繁殖。成虫产卵于颖壳或穗轴凹陷处,卵孵化后在穗上取食,为害花蕊及谷粒,在扬花盛期出现虫量高峰。

(3)稻蓟马的成虫、若虫常锉破叶面,形成微细黄白色斑,叶尖两边向内卷折,渐及全叶,卷缩枯黄。分蘖初期受害重的稻田苗不长、根不发、无分蘖,甚至稻秧成团枯死。晚稻秧田受害更为严重,常成片枯死,状如火烧。成虫、若虫在穗期趋向穗苞,在扬花时转入颖壳内,为害子房,造成空瘪粒。

(4)成虫白天常栖息于卷叶尖或心叶内,早晚及阴天外出活动,有明显的趋嫩绿稻苗产卵习性。卵散产于叶脉间,幼穗形成后则在心叶上产卵较多。

(5)初孵幼虫多集中在叶耳、叶舌处,更喜欢潜入未展开的幼嫩心叶上为害。7~8月份低温多雨时易导致病害发生。

(6)秧苗期、分蘖期和幼穗分化期是稻蓟马的严重为害期,尤其是晚稻秧田和本田,在初期受害更重。

4. 防治技术

(1)**农业防治**　在冬季和春季铲除田边、沟边杂草,减少虫源基数。栽插秧苗后加强管理,促苗早发,适时晒田、搁田,提高植株耐虫能力。对已受害的田块,增施1次速效肥,恢复秧苗生长。

(2)**化学防治**

①防治指标:在若虫发生盛期,当秧田百株虫量为200~300只或卷叶株率为10%~20%,水稻本田百株虫量为300~500只或卷叶

株率为20%～30%时,应进行药剂防治。

②防治策略:狠治秧田,巧治大田;主攻若虫,兼治成虫。

③具体措施:用35%丁硫克百威种子处理剂拌种,用药量为干种子重量的0.6%～1.1%,用常规方法浸种后拌匀药剂,然后播种。用4.5%高效氯氰菊酯乳油喷雾,用药量为450～600毫升/公顷,加水750千克。用40%乐果乳油1500毫升,加水3000毫升进行超低容量喷雾。

五、稻水象甲

稻水象甲别名"稻水象"、"美洲稻象甲"、"伪稻水象"。

1.分布与为害

稻水象甲原产于美国,现已扩散蔓延到包括中国在内的10多个国家和地区,被国际自然保护联盟列为全球100种最具威胁性的外来入侵生物之一,为我国的检疫性害虫。

自1988年在河北唐山首次发现后,陆续在天津、北京、辽宁、山东、吉林、浙江、湖南、陕西、福建、安徽、台湾、云南、四川等省市的60余个县(市)发现稻水象甲。稻水象甲有进一步向邻近地区扩散的趋势,是我国重要的水稻新害虫。

2.形态识别

(1)成虫 成虫体长2.6～3.8毫米,体壁呈褐色,密布相互连接的灰色鳞片。喙与前胸背板几乎等长,稍弯,呈扁圆筒形,前胸背板宽。鞘翅侧缘平行,比前胸背板宽;雌虫后足胫节有前锐突,长而尖;雄虫仅具短粗的两叉形锐突。

(2)幼虫 幼虫为无足型,白色。老熟幼虫体长约10毫米,白色,无足,头部褐色,体呈新月形。腹部第2～7节背面有成对向前的钩状气门。

(3)卵 卵长约0.8毫米,圆柱形,两端圆,略弯,呈珍珠白色。

图6-33 稻水象甲成虫

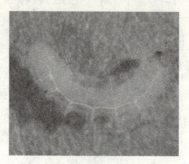
图6-34 稻水象甲幼虫

(4)蛹 蛹为白色,大小与成虫近似,一般在似绿豆形的土茧内。

3.为害规律

(1)稻水象甲为半水生昆虫,在国内稻区均以孤雌生殖繁殖,以成虫在地面枯草上越冬。越冬代成虫在4～5月份水稻移栽前后迁入秧田或本田

图6-35 稻水象甲土茧

交配产卵,卵多产于浸水的叶鞘内,幼虫有转株为害习性。

(2)在北方单季稻区,稻水象甲每年发生1代;在南方双季稻区,以每年发生1代为主,早稻受害明显重于晚稻;在同季稻中,早栽田受害重于迟栽田。

图6-36 稻水象甲幼虫为害状

图6-37 稻水象甲成虫为害状

(3)稻水象甲成虫具有强趋光性,并对水稻、稗草和马唐等禾本科植物具有趋化性。

(4)稻水象甲主要为害水稻,田边受害重于田中央。成虫食叶,幼虫食根;一般造成水稻根系被毁40%～80%,减产20%～50%,严重时甚至绝收,对水稻的生产安全极具威胁。

4.防治技术

(1)检疫措施 加强扑杀,尽最大可能降低疫区虫口密度,开展普查、监测工作,做到早发现、早防治。

(2)农业防治 适期晚插秧,避免秧苗移栽期与越冬成虫迁入高峰期相遇。水稻移栽后,前期进行浅水灌溉。

(3)物理防治 每80～100亩安装1盏太阳能频振式杀虫灯,诱杀成虫。

(4)化学防治

①苗床带药移栽:水稻移栽前1周左右,在苗床上施用阿克泰等药剂,带药移栽,能有效杀死移栽初期迁入稻田的越冬成虫。

②边际施药防治:针对水稻移栽初期稻田周边、湿地周边聚集大量成虫的状况,实施边际药剂防治,可大幅度降低药剂防治面积。

③关键期施药防治:栽秧后7～10天是越冬成虫的迁入高峰期,也是防治成虫的最佳时期。

防治秧田和早稻田的越冬成虫时,可用20%三唑磷乳油1500毫升/公顷、40%毒死蜱乳油1200毫升/公顷、28%高渗稻乐丰乳油750毫升/公顷、25%噻虫嗪水分散粒剂750克/公顷。

在本田期可用25%噻虫嗪水分散粒剂1350克/公顷、10%醚菊酯胶悬剂375毫升/公顷、5%锐劲特胶悬剂1200毫升/公顷、40%甲基异柳磷乳油1500毫升/公顷。

第七章 小麦虫害防治技术

为害小麦的害虫(包括螨类)达 237 种,分属于 11 目 57 科,其中取食茎叶种子的害虫有 87 种,刺吸、锉吸的害虫有 82 种,地下害虫有 55 种。

一、麦 蚜

麦蚜俗称"油汗"、"腻虫",属于同翅目、蚜科。安徽省麦田发生的蚜虫主要有麦长管蚜、麦二叉蚜和麦禾谷缢管蚜 3 种。

1. 分布与为害

麦蚜的分布范围很广,淮河流域及其以南地区以长管蚜和禾谷缢管蚜的发生数量最多。

3 种蚜虫均以刺吸式口器吸食汁液,致使小麦叶片变黄,生长缓慢,冬前死苗,在穗期影响千粒重,使产量降低。3 种蚜虫对小麦的为害能力表现为二叉蚜最强,长管蚜次之,禾谷缢管蚜最弱。

蚜虫除直接为害小麦外,还能传播小麦黄矮病。其中以麦二叉蚜的传毒能力最强。

2. 形态识别

(1) **麦二叉蚜** 麦二叉蚜的头部为灰黑色,腹部中央具1条深绿色纵线,复眼为黑褐色。

图 7-1 麦二叉蚜为害状

图 7-2 麦二叉蚜

(2) **麦长管蚜** 麦长管蚜的腹部为黄绿色至浓绿色,腹背两侧有 4～5 个褐斑,复眼为红色。

图 7-3 麦长管蚜(1)

图 7-4 麦长管蚜(2)

(3) **麦禾谷缢管蚜** 麦禾谷缢管蚜的头胸部为黑色,腹部为暗绿色带紫褐色,腹部后部中央具黑斑,腹管基部周围有铁锈色斑。

表 7-1 3 种麦蚜的主要形态区别

	项目	麦二叉蚜	麦长管蚜	麦禾谷缢管蚜
有翅胎生雌蚜	体长	1.8～2.3 毫米	2.4～2.8 毫米	1.6 毫米左右
	体色	绿色,腹背中央有深色纵纹	黄绿色,腹背两侧有褐斑 4～5 个	暗绿色带紫褐色,腹背后方具红色晕斑 2 个
	触角	比体短,第 3 节有 5～8 个感觉孔	比体长,第 3 节有 6～18 个感觉孔	比体短,第 3 节有 20～30 个感觉孔
	前翅中脉	分二叉	分三叉	分三叉
	腹管	圆锥状,中等长,黑色	管状,很长,黄绿色	近圆筒形,黑色,端部缢缩如瓶颈状
无翅胎生雌蚜	体长	1.4～2 毫米	2.3～2.9 毫米	1.7～1.8 毫米
	体色	淡黄绿色至绿色,腹背中央有深绿色纵线	淡绿色或黄绿色,背侧有褐色斑点	浓绿色或紫褐色,腹部后方有红色晕斑
	触角	为体长的一半或稍长	与体等长或超过体长,黑色	仅为体长的一半

图 7-5 麦禾谷缢管蚜(1)

图 7-6 麦禾谷缢管蚜(2)

图 7-7 麦禾谷缢管蚜(3)

3. 为害规律

(1)麦长管蚜和麦二叉蚜终年在禾本科植物上繁殖生活。以成蚜、若蚜或卵在麦苗或禾本科杂草上为害,主要在植物基部土缝内越冬,遇天气转暖,仍能取食为害。小麦成熟后,飞离麦田,迁至其他禾本科植物上继续为害,并在禾本科植物上越夏。

(2)安徽省3种蚜虫每年均发生10多代或20多代,以无翅的成蚜、若蚜在麦田越冬。

蚜虫一年有2个为害高峰:11~12月份初分蘖时为第1个为害高峰;4月份至5月中上旬抽穗灌浆为第2个为害高峰,也是全年最高峰,其特点是蚜虫数量多,且集中在麦株上部及穗部为害,危害大,损失重。

(3)麦蚜迁移规律。一般小麦播种出苗后,二叉蚜和长管蚜首先迁入麦田,缢管蚜也相继迁入,在11月中旬至12月初,3种蚜虫的数量达到年前小高峰,各种蚜虫比例因年份不同而有差异。在黄矮病流行区也要注意防治麦蚜。

12月中旬随着湿度的降低,田间麦蚜数量下降,大部分麦蚜转到麦茎基部根际为害。晴日中午仍可活动为害。

次年3月份,小麦返青,蚜量回升,由于气温低,麦蚜数量上升缓慢。到3月中旬以后,气温升高,小麦拔节,麦蚜数量增长快,直至4月中下旬小麦近孕穗时,蚜量达全年最高峰,且一直维持到5月中上旬。此时正是小麦产量形成的关键时期,易造成严重损失。此时种群数量以长管蚜、禾谷缢管蚜数量最多,二叉蚜数量最少。

(4)3种蚜虫在混合种群中的蚜比不同,且为害部位有差异。二叉蚜喜干旱、畏光照、不耐氮素肥料,故发生在瘠薄麦田和麦株下部及叶片背面,喜集中在苗期为害。长管蚜喜光照、喜湿、较耐氮肥,故分布在肥沃麦田和植株的上部及叶片正面,喜集中在穗部为害。禾谷缢管蚜畏光喜湿,嗜食茎秆和叶鞘,故多分布于叶鞘下部和茎秆上,在麦丛中部的小穗上也有分布。

图7-8 蚜虫为害状(1)

图7-9 蚜虫为害状(2)

4.防治技术

在非黄矮病流行区,一般应在穗期防治麦蚜。

(1)农业防治

①合理布局作物种植。

②控制和改变麦田生态。

③推广抗虫品种。

(2)保护和充分利用天敌 麦蚜的天敌包括:瓢虫类,如七星瓢虫、龟纹瓢虫、异色瓢虫;食蚜蝇类,如黑带食蚜蝇、大灰食蚜蝇;蜘蛛类,如T纹狼蛛、草间小黑蛛、黑腹狼蛛;草蛉类,如大草蛉、丽草蛉、中华草蛉;蚜茧蜂类,如菜蚜茧蜂、燕麦蚜茧蜂等;寄生性螨类和蚜霉菌等。

(3)化学防治

①拌种:用种量0.2%~0.4%的高巧加水5千克拌种。

②撒毒土:用375克40%乐果兑土,防治效果好,用土量为225千克/公顷。撒毒土时要配合浇水。

③喷雾:当田间麦蚜发生量超过防治指标(苗期500头/百株,穗

期800头/百穗)时,每公顷选用10%吡虫啉300毫升或3%啶虫脒150毫升兑水750千克喷雾防治,或用50%抗蚜威4000倍液、50%辛硫磷1000倍液、70%高巧可湿性粉剂4000~6000倍液、溴氰菊酯类3500倍液、1.8%阿维菌素2500倍液、200万菌/毫升杀蚜霉素1500~2000倍液喷雾防治。

二、小麦吸浆虫

吸浆虫是世界性、毁灭性的害虫,主要有麦红吸浆虫和麦黄吸浆虫2种,均属于双翅目、瘿蚊科。

1. 分布与为害

吸浆虫在我国北纬31°~25°之间的黄河、淮河小麦区都有发生。麦红吸浆虫发生于平原河流两岸、潮湿地区、水浇地;麦黄吸浆虫发生于高原高山的干旱地带。

吸浆虫主要为害花器和籽粒。黄吸浆虫发生早,以为害花器为主,造成瘪粒而减产,受害严重时几乎毁产;红吸浆虫发生晚,以为害籽粒为主。一般年份减产率为10%~20%,大发生年份减产率为40%~50%。

2. 形态识别

(1)麦红吸浆虫

①成虫:雌成虫体长2~2.5毫米,翅展5毫米左右,体色为橘红色。复眼大,黑色。前翅透明,有4条发达翅脉,后翅退化为平衡棍。触角细长,呈长圆形,膨大,环生2圈刚毛。

②卵:卵长约0.09毫米,长圆形,浅红色。

③幼虫:幼虫体长2~3毫米,椭圆形,橙黄色,头小,无足,蛆形,前胸腹面有1个Y形剑骨片,前端分叉,凹陷深。

④蛹:蛹长2毫米,裸蛹,橙褐色,头前方具白色短毛2根和长呼吸管1对。

图7-10 麦红吸浆虫成虫

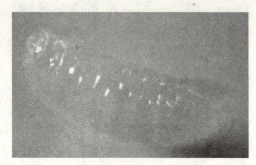

图7-11 麦红吸浆虫幼虫

(2)麦黄吸浆虫

①成虫:雌成虫体长2毫米左右,体色为鲜黄色,伪产卵器伸出时与体等长,末端呈针状。雄成虫体长约1.5毫米,抱握器光滑,内缘无齿。

②卵:卵长约0.29毫米,呈香蕉形。

图7-12 麦黄吸浆虫成虫

图7-13 麦黄吸浆虫卵

③幼虫:幼虫体长2.0~2.5毫米,黄绿色,体表光滑,前胸腹面有剑骨片,剑骨片前端呈弧形浅裂,腹末端生突起2个。

④蛹:蛹为鲜黄色,头端有1对较长毛。

图 7-14 麦黄吸浆虫幼虫

图 7-15 麦黄吸浆虫蛹

3.为害规律

(1)小麦吸浆虫1年发生1代。老熟幼虫在土中结圆茧越夏、越冬。

(2)吸浆虫的发生与雨水、湿度关系密切。春季3~4月份间雨水充足,有利于越冬幼虫破茧上升至土表,并化蛹、羽化、产卵及孵化。

(3)种群动态:

①上升至土表阶段:翌年3月份,当10厘米土温上升至10℃时(即小麦拔节前后,3月中旬至4月中旬),若有足够的水分,经过越冬的幼虫破茧成为活动幼虫,上升至4~7厘米表土。

②化蛹:当10厘米土温上升至15℃时(即4月中旬,小麦孕穗期),成虫开始化蛹,蛹期为7~10天。

③羽化:当10厘米土温大于20℃,4月下旬小麦抽穗时,小麦吸浆虫大多在未扬花的麦穗上产卵,开始羽化。

④幼虫为害:5月初至5月下旬出现幼虫,一般为害15~20天,此时小麦正处于扬花期、灌浆初期(此时是为害盛期)。

⑤入土:小麦开始抽穗后,麦红吸浆虫上升至土表化蛹,开始羽化出土,当天交配后将卵产在未扬花的麦穗上。吸浆虫畏光,怕高

温,中午多潜伏在麦株下部丛间,多在早晚活动,上午 8～10 时和下午 3～6 时两个为害高峰期内,雄虫在麦株下活动,雌虫在麦株上约 10 厘米处活动。卵多聚产在护颖与外颖、穗轴与小穗柄等处,每雌产卵 60～70 粒。吸浆虫有多年休眠习性,遇到春旱年份有的不能破茧化蛹,有的虽已破茧,但能重新结茧再次休眠,休眠期有的长达 12 年。幼虫孵化后为害花器,以后吸食灌浆的麦粒,吸浆虫老熟后离开麦穗。麦穗颖壳坚硬、扣合紧、种皮厚、籽粒灌浆迅速的品种受害轻。抽穗整齐、抽穗期与吸浆虫成虫发生盛期错开的品种,可避免其为害。

图 7-16　吸浆虫(1)

图 7-17　吸浆虫(2)

图 7-18　吸浆虫(3)

4.防治技术

小麦吸浆虫的防治应以选育抗虫品种为主,辅助以药剂防治。播种出苗、返青拔节、孕穗抽穗和灌浆阶段为关键防治时期。

(1)农业防治

①选用南大 2419、西农 6028 等抗虫小麦品种。

②采取轮作、换茬、水旱轮作等农艺措施。

(2)化学防治

①在化蛹期撒毒土。3月份至 4月中旬,在播种前撒毒土可防治

土中幼虫。用40%甲基异柳磷或50%辛硫磷乳油3000毫升/公顷，兑水45千克，喷在300千克干土上，拌匀制成毒土，撒施在地表，耙或翻入土表层均有效。用3%毒斯蜱颗粒剂22.5～30千克/公顷浇水的效果更好。在小麦孕穗期撒毒土防治幼虫和蛹是防治吸浆虫的关键措施。

②防治成虫。在小麦抽穗盛期（约4月20日至5月10日），防治麦蚜、黏虫的药剂可以兼治吸浆虫。使用50%抗蚜威等选择性农药，有助于保护天敌。

三、麦蜘蛛

麦蜘蛛属于蛛形纲、蜱螨目，主要有麦圆蜘蛛和麦长腿蜘蛛2种。麦蜘蛛于春秋两季吸取麦株汁液，被害麦叶先出现白斑，以后白斑变黄，轻则影响小麦生长，造成植株矮小，穗少粒轻，重则使整株干枯死亡。株苗严重被害后，抗害力显著降低。

1.分布与为害

麦圆蜘蛛主要分布在北纬29°～37°之间，在水浇地及低洼地的麦田发生严重，在旱地发生轻。

麦长腿蜘蛛为偏北发生种，主要发生在北纬34°～37°之间的地区，尤其在黄河北部的浅山旱地和丘陵区发生较普遍。

在安徽省多数地区发生为害的是麦圆蜘蛛，皖北部地区如砀山等，2种麦蜘蛛混合发生。2种麦蜘蛛均以刺吸汁液为害，初见植株苍白失绿，后变枯黄。

2.形态识别

(1)成虫

①麦圆蜘蛛：体色为暗黑带紫色，体型近圆形，足4对，近等长。

②麦长腿蜘蛛:体色为红褐色,体型为长圆形,两端尖,前后2对足特别长。

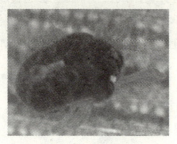
图 7-19 麦圆蜘蛛

图 7-20 麦长腿蜘蛛

(2)若虫 若虫和成虫近似,初孵时只有3对足,2龄和3龄若虫有4对足。

3.为害规律

(1)麦圆蜘蛛 麦圆蜘蛛在安徽省1年发生2~3代,以成虫和卵越冬。成螨没有真正越冬,在晴日中午仍可活动为害。次年2月下旬,当日平均温度为4~8℃时,成虫开始活动,越冬卵开始孵化。3月下旬至4月中下旬为发生为害的盛期。卵产生在麦根的基部或分蘖的基部,当日均温度升高后成虫数量减少,日均温度达17℃时开始死亡;日均温度达20℃时大量死亡。小麦收获后,以卵越冬,10月中旬孵化,若虫期为28天。麦圆蜘蛛在11月初完成第2代,个别于次年2月份完成第3代。

麦圆蜘蛛主要习性:喜阴湿,怕高温干旱,适宜温度为8~15℃;早晨和傍晚活动最盛,中午潜伏;以孤雌生殖为主。

(2)麦长腿蜘蛛 麦长腿蜘蛛在安徽省1年发生3~4代,以卵和成虫越冬。次年3月中下旬,当温度达8℃时,成虫开始活动,卵开始孵化。

4月中下旬为1代成虫盛期;5月上旬为2代成虫盛期;5月下旬至6月上旬为3代成虫盛期。严重为害时期在4~5月份,与小麦的孕穗抽穗期基本一致。

卵主要产于麦株基部土块下、粪块上及秸秆上。卵散产,有滞育卵和非滞育卵,前者呈草帽形,有白色蜡层覆盖,后者呈鲜红色圆形。

图7-21 麦蜘蛛为害状

麦长腿蜘蛛主要习性:喜欢温暖干燥;每日9~16时为活动期,为害高峰在11~15时;有群集性和假死性;成虫的耐饥饿能力强,以孤雌生殖为主。

4.防治技术

(1)农业防治

①集中深翻除草,轮作换茬,增施肥料。

②及时灭茬。

③有条件的地区提倡旱改水,结合灌溉,通过机械振落将其杀死。

(2)化防防治

①用种量0.1%的高巧拌种剂拌种。

②3月底至4月初,小麦返青后,当虫口密度达到1000头/百株时,及时选用1.8%阿维菌素20毫升、20%哒螨灵可湿性粉剂1000~1500倍液、50%辛硫磷1000倍或40%毒死蜱乳油50毫升等进行喷雾防治,用药量一般为750~1050千克/公顷。

四、黏 虫

黏虫又名"剃枝虫"、"行军虫"、"夜盗虫",属于鳞翅目、夜蛾科,为世界性粮食作物的重要害虫。我国黏虫主要有劳氏黏虫和白脉黏虫。

1. 分布与为害

黏虫在我国分布极广,除新疆、西藏尚无记载外,其余各省市均有分布。

黏虫的食性极杂,可取食100多种植物,尤喜食禾本科植物,主要为害麦类、稻、玉米、高粱、谷子等作物及芦苇、谷莠子、稗草、狗尾草等杂草,大发生时亦为害豆类、白菜、青麻、棉花等。这些非禾本科植物虽能被取食,但对其发育有不良影响或不能满足黏虫完成生活史所需要的营养。

黏虫一般以幼虫食叶为害,大发生时常将叶片全部吃光,仅剩光杆。

2. 形态识别

(1) **成虫** 成虫体色淡黄,前翅中央近边缘处有2个淡黄色斑纹,翅中央有一小白点,两边各有一小黑点;前翅顶端有一黑纹,从顶角向后缘斜伸。

图7-22 黏虫成虫

(2) **幼虫** 幼虫头部为褐色、黄褐色至红褐色,2~3龄幼虫为黄褐色至灰褐色或带暗红色,4龄以上的幼虫多为黑色或灰黑色。黏虫身上有5条纵纹,所以又叫"五色虫"。腹足外侧有黑褐色宽纹,气门上有明显的白线。

3. 为害规律

(1) **成虫为害**

① 必须通过取食补充营养,才能进行正常发育和产卵繁殖。

② 昼伏夜出,白天躲在阴暗环境中,傍晚才出来取食。

③ 卵产在枯叶或嫩叶端部的皱缝间。在小麦上,卵一般产在枯

心苗或叶片枯干的皱缝间,很少在青叶上产卵。

④黏虫的飞行能力很强,可以飞 2000 千米以上的距离,并可以飞越高山和海洋。

图 7-23 黏虫幼虫(1)

图 7-24 黏虫幼虫(2)

(2)幼虫为害

①夜晚活动,在阴天和较凉爽的天气条件下也能在白天活动为害。

②食性杂,取食的植物种类很多,但最喜欢取食禾本科植物。

③随着幼虫的长大,食量增加,5~6 龄期为暴食阶段,食量占整个幼虫期的 90%。

(3)潜土习性 黏虫 4 龄以上幼虫常常潜伏在寄主植物根际附近的松土或土块下,潜土深度一般为 1~5 毫米,多在干湿土交界处潜伏。

(4)假死性 当 1~2 龄幼虫被惊动时,会立即吐丝下垂,悬于半空不动,片刻后沿丝爬回原处或借风飘散。3 龄以上幼虫被惊动时,立即落地,身体蜷曲不动,待安静后再爬上作物或就近钻入松土潜伏。

(5)迁移性 4 龄以上的幼虫有迁移习性,当把大部分作物或杂草吃光以后,黏虫就成群结队地四处迁移。在迁移途中由于饥饿所迫,所遇的绿色植物几乎都被它们吃光。

(6)迁飞规律 黏虫是迁飞性大害虫,在我国每年有几次大的迁飞为害活动,春季和夏季从南方飞往北方,秋季从北方飞回南方。

(7) 越冬规律 黏虫在北方不能越冬,在南方却有 2 种情况:一是潜伏越冬,二是不休眠,无滞育现象,待条件合适时,在冬季也可继续繁殖。

4.防治技术

(1)农业防治

①秋季,在玉米、高粱等高秆作物农田进行中耕培土、锄草灭荒,对防治 3 代黏虫有效。

②根据黏虫的越冬规律进行以下操作:冬季结合各项农事活动清理稻草堆垛、铲草堆肥、修理田埂、清除水稻根茬等。在冬季末,成虫多在残留于田间的水稻根茬上产卵,因此,在小麦播种或出苗前拾净稻根茬和稻草,减少黏虫产卵的机会,能起到一定的防治作用。在南方地区合理种植小麦早熟品种,适期早种早收,提早春管,亦能消灭越冬虫态,减少其初始虫源基数。

(2)生物防治 一方面,使用灭幼脲、除虫脲等选择性农药,尽量少杀伤天敌;另一方面,尽力创造有利于天敌繁衍的生态条件。

(3)物理防治

①诱杀成虫。可用黑光灯诱杀蛾;用糖醋液(糖:醋:水:酒=4:3:2:1)诱杀蛾;用杨树枝把或谷草把诱杀蛾。

②田间诱卵、杀卵。诱卵:结合诱杀成虫进行,绑杨树枝把或谷草把 105~150 把/公顷诱蛾产卵,然后处理。人工采卵:依据黏虫卵多产于小麦上部叶尖或黄枯叶尖的特点,进行人工采卵消灭。

(4)化学防治 可用 90% 敌百虫晶体原粉、80% 敌百虫水溶性粉、25% 敌百虫乳油、5% 甲敌粉、4% 敌马粉、25% 敌马乳油、2% 杀螟腈粉、50% 杀螟腈乳油、50% 杀螟硫磷乳油、5% 敌百虫粉剂、0.04% 除虫精粉防治黏虫,用药量为 22.5~30 千克/公顷,相当于施用有效成分 9~12 克/公顷。也可用 25% 灭幼脲三号胶悬剂 45~150 克/公顷。最佳农药为20%除虫脲胶悬剂,用药量为15～30克/公顷。

在黏虫低龄期内,这类杀虫剂一般施药1次即可产生明显效果,并且对天敌无毒无害。灭幼脲和除虫脲的杀虫机理特殊,药效较慢,一般施药2～3天以后黏虫的死亡率才见明显增高。

注意:在掌握施药适期的基础上,应防治平垄麦田1代黏虫,可在幼虫3龄盛期施药;防治小麦玉米套种田2代黏虫时,应在2龄幼虫初盛期施药。

五、地下害虫

1.蛴螬类

"蛴螬"是鞘翅目金龟甲总科幼虫的统称,其中对农业危害大的种类属于鳃金龟科、丽金龟科和花金龟科。安徽省的蛴螬主要有3种:华北大黑鳃金龟、暗黑鳃金龟和铜绿丽金龟。

(1)形态识别

①成虫。

华北大黑鳃金龟:黑褐色至黑色,有光泽,鞘翅上有4条隆起线。

暗黑鳃金龟:黑色或红黑色,体表无光泽,鞘翅上隆起线不明显。

铜绿丽金龟:体背铜绿色,有金属光泽,前胸背板及鞘翅侧缘为黄褐色或褐色。

图7-25 华北大黑鳃金龟　图7-26 暗黑鳃金龟　图7-27 铜绿丽金龟

②幼虫。蛴螬幼虫虫体肥大,体型弯曲呈C形,多为白色,少数为黄白色。头部为褐色,上颚显著,腹部肿胀。体壁较柔软,多皱,体表疏生细毛。头大而圆,多为黄褐色,生有左右对称的刚毛。具胸足3对,一般后足较长。腹部10节,第10节称为"臀节",臀节上生有刺毛。

图7-28 蛴螬幼虫

(2)为害规律

①蛴螬能为害萌发的种子,咬断幼苗根茎,形成断口整齐的截面;也能为害花生荚果及薯类的块根、块茎,多造成孔洞或将荚果吃成空壳。

②生物学特性。

华北大黑鳃金龟:每2年发生1代,以成虫和2~3龄幼虫隔年交替越冬。以幼虫越冬的年份,第2年春季造成危害,成虫羽化后不再发生为害,为小发生年;以成虫越冬的年份,越冬成虫于第2年4月上旬开始出土,5月中下旬为卵孵化盛期,7~9月份为为害盛期,10月中下旬下移越冬,为大发生年。第2年4月上旬,当10厘米地温达13℃左右时,越冬幼虫上升至5~13厘米土层为害,4月下旬至5月中旬是为害麦苗和春播作物幼苗的盛期,5月下旬陆续下移至20~25厘米土层中化蛹。

暗黑鳃金龟:每年发生1代,以3龄幼虫或成虫越冬。幼虫于第2年5月中上旬化蛹,6月上旬为成虫大量羽化期,6月下旬至7月上旬为产卵盛期,7月下旬至9月份幼虫为害花生荚果,10月中下旬幼虫下移到深土层越冬。

铜绿丽金龟:每年发生1代,以2~3龄幼虫越冬。第2年4月上旬上升到5~10厘米土层为害春苗,5月中旬下移化蛹,6月中上旬为出土盛期,6月中下旬为产卵盛期,6月下旬至7月上旬为孵化盛期,7月中旬至9月份为幼虫为害期,10月中下旬移到深土层越冬。

蛴螬对农作物幼苗的为害主要在春季和秋季。

(3)防治技术

①农业防治:有条件的地区可实行水旱轮作;及时铲除田边地头的杂草,以减少蛴螬的繁殖场所。

②土壤处理:结合播前整地,用5%辛硫磷22.5~37.5千克/公顷,均匀撒于田间。

③药剂灌根:用50%辛硫磷22.5千克/公顷,兑水1000倍灌根。

④毒杀成虫:用50~100厘米长的榆树、杨树等枝条,插入50%辛硫磷50倍液中浸泡10小时,于傍晚前插在田间,使用量为750枝/公顷。

2.蝼蛄类

蝼蛄可为害小麦、玉米、棉花、蔬菜等多种作物,以成虫、若虫在地下咬食刚播下的种子和发芽的种子,常造成缺苗现象;也能将幼苗的嫩茎、根茎咬成乱麻状,导致幼苗发育不良或逐渐凋枯而死。同时,蝼蛄活动时使地面形成隧道,造成苗根和土壤分离失水而死,正如农谚所说,"不怕蝼蛄咬,就怕蝼蛄跑"。安徽省主要有华北蝼蛄和东方蝼蛄。华北蝼蛄主要在长江以北,是北方的重要害虫种类;东方蝼蛄遍及全国。

(1)形态识别

①华北蝼蛄:成虫为黄褐色至黑褐色,虫体粗大,长39~45毫米,前足腿节外下方弯曲,后足胫节近端部有刺0~2个。

图7-29 华北蝼蛄成虫

图7-30 东方蝼蛄成虫

②东方蝼蛄:成虫为淡黄色,虫体较小,长 29～35 毫米,前足腿节外下方平直,后足胫节近端部有刺 3～4 个。

(2)为害规律

①华北蝼蛄和东方蝼蛄的全年活动大致可分为 6 个阶段:

冬季休眠阶段——约 10 月下旬至次年 3 月中旬,蝼蛄进入休眠阶段。

春季苏醒阶段——约 3 月下旬至 4 月上旬,越冬蝼蛄开始活动。

出窝转移阶段——4 月中旬至 4 月下旬,此时若地表出现大量弯曲虚土隧道,并在其上留有一个小孔,则说明蝼蛄已出窝为害。

猖獗为害阶段——5 月上旬至 6 月中旬,此时正值春播作物和北方冬小麦返青期,是一年中第 1 次为害高峰。

产卵和越夏阶段——6 月下旬至 8 月下旬,气温增高、天气炎热,2 种蝼蛄潜入 30～40 毫米以下的土中越夏。

秋季为害阶段——9 月上旬至 9 月下旬,越夏虫又上升到土面活动补充营养,为越冬做准备。这是一年中第 2 次为害高峰。

②蝼蛄一般昼伏夜出,午夜前后取食,具趋光性,对香甜气味具趋性,尤其对炒熟的麦麸、豆饼、谷子等有特别嗜好。对未腐熟的马粪及有机质含量高的土壤也具有趋性,故在堆积马粪、粪坑等有机质多的地块虫害发生多。另外,蝼蛄较喜潮湿,成虫多在沿河地块、低洼地、田埂边产卵,因此此类地块中虫害发生较多。

(3)防治技术

①毒饵诱杀。用多汁的鲜草、鲜菜,蝼蛄喜食的块根、块茎以及炒熟的麦麸、豆饼和煮过的谷子等饵料,与 20%甲基异柳磷等药剂混合撒施。用药量不要太大,以免有异味,引起蝼蛄拒食。

②化学药剂拌种。用 50%辛硫磷 0.5 千克拌小麦 250～500 千克,或 40%甲基异柳磷 1 千克拌小麦 250～500 千克,堆闷 4 小时后摊开晾干。对蝼蛄的防治效果达 95%,药效可持续 30～40 天。

3.金针虫类

金针虫是叩头虫的幼虫,主要为害麦类、玉米、高粱、谷子、麻类、薯类、豆类、棉花等作物的幼芽和种子,也能咬断出土的幼苗。当幼苗长大后,金针虫便钻到根茎里取食,被害部不完全被咬断,断口不整齐,使作物枯黄而死。金针虫主要有沟金针虫、细胸金针虫和褐纹金针虫等。

(1)形态识别

①成虫:成虫体长8~18毫米,因种类而异。虫体为黑色或黑褐色,头部生有1对触角,胸部着生3对细长的足,前胸腹板具1个突起,可纳入中胸腹板的沟穴中。头部能上下活动,似叩头状,故俗称"叩头虫"。

②幼虫:幼虫初孵时为乳白色,头部及尾节为淡黄色,体长1.8~2.2毫米。老熟幼虫体长25~30毫米,体形扁平,全体为金黄色,被黄色细毛。头部扁平,口部及前头部为暗褐色,上唇前线呈三齿状突起。从胸背至第8腹节背面正中有一明显的细纵沟。尾节为黄褐色,其背面稍呈凹陷,且密布粗刻点,尾端分叉,内侧各有一小齿。

图7-31 金针虫成虫

图7-32 金针虫幼虫

(2)为害规律 金针虫的生活史很长,因种类而异,常需3~5年才能完成1代。各代以幼虫或成虫在地下越冬,越冬深度为20~85毫米。

①沟金针虫:约需 3 年完成 1 代,越冬成虫于 3 月上旬开始活动,4 月上旬为活动盛期。成虫白天躲在麦田或田边杂草中和土块下,夜晚活动。雌性成虫不能飞翔,行动迟缓,有假死性,没有趋光性;雄虫飞翔能力较强,卵产于土中 3~7 毫米处。卵孵化后,幼虫直接为害作物。

②细胸金针虫:多 2 年完成 1 代,也有 1 年或 3~4 年完成 1 代的。以成虫和幼虫在土中 20~40 毫米处越冬,第 2 年 3 月中上旬开始出土,为害返青麦苗和早播作物,4~5 月份为害最盛。成虫昼伏夜出,有假死性,对腐烂植物的气味有趋性,常群集在腐烂发酵、气味较浓的烂草堆和土块下。幼虫耐低温,早春上升为害早,秋季下降越冬迟,喜钻蛀和转株为害。

(3)防治技术

①与水稻轮作,或者在金针虫活动盛期常灌水,可抑制为害。

②定植前处理土壤,可用 48%地蛆灵乳油 3000 毫升/公顷,拌细土 10 千克撒在种植沟内,也可将农药与农家肥拌匀施入。

③若生长期发生沟金针虫虫害,可在苗间挖小穴,将颗粒剂或毒土放入穴中立即覆盖,土壤较干时,也可将 48%地蛆灵乳油 2000 倍液开沟或挖穴浇施。

④药剂拌种:用 50%辛硫磷、48%乐斯本或 48%天达毒死蜱、48%地蛆灵拌种,比例为药剂:水:种子=1:(30~40):(400~500)。

⑤施用毒土:用 48%地蛆灵乳油 3~3.75 千克/公顷,50%辛硫磷乳油 3~3.75 千克/公顷,加水 10 倍,喷于 375~450 千克细土上,拌匀成毒土,顺垄条施,随即浅锄;用 5%甲基毒死蜱颗粒剂 30~45 千克/公顷,拌细土 375~450 千克,制成毒土,或用 5%甲基毒死蜱颗粒剂、5%辛硫磷颗粒剂 3.75~45 千克/公顷处理土壤。

⑥种植前要深耕多耙,收获后及时深翻;夏季进行翻耕暴晒。

第八章
棉花虫害防治技术

我国的棉花种植历史悠久,棉区辽阔,自然条件差别大,耕作制度复杂,棉花害虫种类多,棉花受害严重。据统计,我国棉花害虫有300多种,其中主要害虫有20多种。

一、棉 蚜

1. 分布与为害

棉蚜是世界性害虫,在我国各棉区均有分布,对棉花的危害最严重。北方棉区常发生棉蚜虫害且严重,南方棉区除干旱年份外,一般受害较轻。棉蚜主要有棉黑蚜、苜蓿蚜和棉长管蚜等。

棉蚜在苗期群集于根部刺吸汁液,影响棉苗生长,严重时造成叶片卷缩、落叶。

2. 形态识别

越冬卵孵化为干母的形态特征:体长1.6毫米左右,茶褐色,触角5节,无翅。

无翅胎生雌蚜:体长1.5～1.9毫米,体色有黄色、青色、深绿色、暗绿色等,触角长度约为体长的一半,触角第3节无感觉圈,第5节有1个感觉圈,第6节膨大部有3～4个感觉圈。复眼呈暗红色;腹管较短,黑青色。尾片为青色,两侧各具刚毛3根,体表被白蜡粉。

有翅胎生雌蚜:大小与无翅胎生雌蚜相近,体色为黄色、浅绿色至深绿色;触角较体短,头胸部黑色,2对翅透明,中脉三岔。

无翅若蚜:共4龄;夏季为黄色至黄绿色,春季和秋季为蓝灰色,复眼为红色。

有翅若蚜:共4龄;夏季为黄色,秋季为灰黄色,2龄后出现翅芽;腹部第1节和第6节的中侧和第2~4节两侧各具1个白圆斑。

无翅有性雌蚜:体长1.0~1.5毫米,为草绿色至赤褐色;触角5节,尾片有毛6根。

有翅雄蚜:体长1.3~1.9毫米,狭长卵形,草绿色至赤褐色;触角6节,尾片有毛5根。

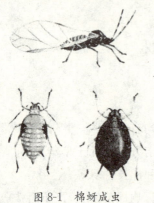

图8-1 棉蚜成虫

图8-2 棉蚜为害状

3. 为害规律

(1) **寄主范围** 干母和干雌只能在第一寄主(如木槿、花椒、石榴等木本植物和苦荬菜等草本植物)上生活。如侨蚜寄生在棉花、瓜类、麻类、菊科、茄科、苋科等植物上。

(2) **食物营养** 若氮肥增加,则棉叶内的可溶性氮和蛋白质含量提高,有利于棉蚜的生长发育和繁殖。棉叶绒毛短(小于100微米)而密(100根/毫米^2)的品种,能阻碍棉蚜活动和取食,使棉蚜取食时间缩短,繁殖力弱,此类棉花受害轻。矮壮素可抑制棉蚜种群增长,赤霉素可促进棉蚜种群增长。

(3)**棉蚜的繁殖**　繁殖力强是造成棉蚜猖獗发生的内在因素。1头蚜虫在条件适宜时,1个月可发展到百万头之多。

(4)**有翅蚜的迁飞扩散**　迁移蚜迁飞 2 次,侨蚜迁飞多次。在有翅蚜迁飞时期,近地面的微风有助于有翅蚜迁飞扩散到附近或较远的棉田。热空气上升对流运动,可将飞起的蚜群送至空中,带向远处。

(5)**环境条件**　6 月末至 7 月上旬,气温较低且延续时间长,对伏蚜(伏蚜活动的适宜温度为 24~28℃)形成有利。苗蚜在空气相对湿度为 47%~81% 时,蚜口密度均急剧增长,其中相对湿度以 58% 左右最为适宜。伏蚜活动的适宜空气相对湿度为 69%~89%。

(6)**趋性**　棉蚜趋黄色、绿色,避银灰色。

(7)**为害特征**　棉蚜以刺吸口器刺入棉叶背面或嫩头,吸食汁液。苗期受害后,棉叶卷缩,开花结铃期推迟;成株期受害后,上部叶片卷缩,中部叶片出现油光,下部叶片枯黄脱落,叶片表面有蚜虫排泄的蜜露,易诱发霉菌滋生;蕾铃受害后易落蕾,影响棉株发育。

4.防治技术

(1)**农业防治**
①推广小麦-棉花、油菜-棉花间作套种。
②合理施肥:控制氮肥施用量。

(2)**生物防治**　保护和利用瓢虫类、草蛉类、食蚜蝇类、蜘蛛类、食虫螨类、蚜茧蜂类、蚜小蜂类和蚜霉菌类等棉蚜天敌。6 月中上旬,七星瓢虫与多异瓢虫迁入棉田,当瓢蚜比达 1∶150 时,即可有效控制蚜害。同时使用选择性杀虫剂,避免对天敌的杀伤。

(3)**化学防治**
①种子处理:用 70% 吡虫啉拌种剂 3.3~5.0 千克/100 千克种

子;70%吡虫啉水分散粒剂0.8～1.22千克/100千克种子。

②喷雾:当苗蚜3叶期后卷叶株率达50%或6000头/百株,伏蚜7月上旬3叶蚜量达680头/百株或7月下旬3叶蚜量达258头/百株时,使用10%吡虫啉可湿性粉剂1500倍液、1.8%阿维菌素乳油2000～3000倍液或3%啶虫脒乳油2000倍液,兑水750千克喷雾防治。

③涂茎:用40%氧化乐果1份+聚乙烯醇0.1份+水5～6份,混匀,涂在主茎红绿交界处。

二、棉铃虫

棉铃虫属于鳞翅目、夜蛾科,是为害棉花的主要害虫之一。棉铃虫除为害棉花外,还为害玉米、番茄、胡麻、向日葵、豌豆、辣椒等作物以及多种杂草。

1. 分布与为害

棉铃虫的寄主范围广,繁殖能力强。20世纪90年代以来,我国棉区棉铃虫大发生年份出现的频率明显增加,棉花减产高达35%。棉铃虫以幼虫钻入幼蕾取食形成"张口蕾",取食花粉头形成"虫花",取食青铃形成"烂铃",被害蕾、花、幼铃不久脱落,严重时全部脱落,形成"公棉花",造成棉花严重减产。

2. 形态识别

(1)成虫　成虫体长15～20毫米,翅展27～38毫米,雌蛾前翅为褐色或灰褐色,雄蛾多为灰褐色或青灰色。复眼呈球形,绿色。前翅内横线不明显,中横线很斜,末端达翅后缘,位于环状纹的正下方;亚外缘线波形幅度较小,与外横线之间有褐色宽带,带内有清晰的白点8个;外缘有7个红褐色小点排列于翅脉间;环状纹为圆形,边缘为褐色,中央有一褐色斑点,肾状纹边缘为褐色,中央为深褐色肾形斑,雄蛾的斑点较明显。后翅为灰白色或褐色,中室末端有1条褐色斜纹,外缘有1条茶褐色宽带纹,带纹中有2个牙形白斑。雄蛾腹末抱握器毛丛呈"一"字形。

(2)卵 卵呈馒头形,直径约0.5毫米,高约0.6毫米,卵顶端稍隆起,有菊花瓣花纹,四周有纵脊和横脊。初产卵为黄白色,逐渐变为红褐色。

图8-3 棉铃虫成虫

图8-4 棉铃虫卵

(3)幼虫 老熟幼虫体长30~40毫米,头部为黄色,有褐色网状斑纹,各体节有毛片12个。体色变化较大,初龄幼虫为青灰色,前胸背板为红褐色。老龄幼虫体色变化较大,有绿色、淡绿色、黄绿色、黄褐色、红褐色等,前胸气门前2根刚毛的连线通过气门或与气门下缘相切,气门线为白色。

图8-5 棉铃虫幼虫(1)

图8-6 棉铃虫幼虫(2)

(4)蛹 蛹为纺锤形,长14~25毫米,初蛹为绿色,渐变为赤褐色,复眼为淡红色;蛹在近羽化时,呈深褐色,有光泽,复眼为红褐色。第5~7腹节前缘密布比体色略深的刻点;腹部末端有1对臀刺,刺基部分开。

玉米上发生的棉铃虫有时易与玉米螟混淆,但前者虫体较大,体色略呈绿色;后者虫体较小,体色由褐色、淡褐色或黄白色组成,无绿色成分。

图8-7 棉铃虫幼虫(3)

图8-8 棉铃虫蛹

3.为害规律

(1)棉铃虫1代幼虫以为害顶尖和嫩叶为主,2~3代幼虫主要为害蕾、花和幼铃。花被害后不能结铃;幼铃被害后遇雨容易霉烂脱落,不脱落的形成僵瓣。

(2)成虫在夜间羽化,19时至翌日2时羽化最多,占总羽化数的67.2%。日出后停止活动,栖息于棉株或者其他植物丛间。

(3)成虫的飞翔能力较强,主要在夜间活动,对黑灯光有较强趋性。

图8-9 棉铃虫为害状(1)

(4)雌、雄成虫于每日3~5时交尾最多,羽化后2~5天开始产卵,卵散产。产卵期为5~10天,卵多分布在棉花嫩梢和上部叶片正面及蕾铃苞叶上。在棉株的分布上,以靠近主干第1果节和第2果节的成虫最多。

图8-10 棉铃虫为害状(2)

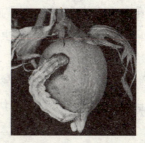
图8-11 棉铃虫为害状(3)

(5)幼虫卵孵化率达80%以上,初卵幼虫先吃掉卵壳,再食嫩叶、嫩梢、幼蕾及苞叶,然后转移到叶背栖息。翌日转移到中心生长点,3龄以后幼虫多钻入蕾铃为害。在蕾期,幼虫通过苞叶或花瓣侵入蕾中取食,被害蕾苞叶张开后变为黄绿色,而后脱落。在花期,幼虫钻入花中食害雄蕊和花柱后,被害花往往不能结铃。在铃期,幼虫从铃基部蛀入。幼虫常随虫龄增长,由上而下从嫩叶到蕾、铃依次转移为害。

(6)棉铃虫幼虫在化蛹前会吐丝黏结周围土粒,做成蛹室,在蛹室内化蛹,蛹期为9~10天。雌虫蛹期短于雄虫蛹期。棉铃虫蛹一般水平分布在距植株2~30厘米范围内,入土深度为2.5~9.0厘米,以2.5~6.0厘米土层为主。越冬场所主要为玉米、棉花、小麦等地块。

4.防治技术

(1)农业防治

①种植中棉29、中棉38、中棉39、新棉33B、惠抗2号、黄杂2号等转基因抗虫棉品种。

②冬耕冬灌,压低越冬虫源基数。以老熟幼虫入土的棉铃虫多

在距地表 2.5～6 厘米处化蛹越冬。冬季及早春及时耕翻,破土灭蛹,或对冬季白茬地耕翻灌水,可压低越冬虫源基数。

③配合农事操作,人工灭虫、卵。在棉铃虫 3～4 代发生期进行打顶、打边心等棉花管理措施,将打下的枝梢带到田外处理,能有效地压低虫口密度。人工灭虫卵可安排在产卵盛期内进行。

(2)诱杀

①种植诱集作物。棉铃虫对玉米的嗜好远远高于棉花,尤其是在玉米嫩花丝上,1 代和 2 代棉铃虫成虫产卵最多,高于棉花上着卵量 5～8 倍。

②使用振式杀虫灯诱杀。

③使用树枝把诱蛾。大面积诱蛾要抓住发蛾高峰期,用杨、柳、紫穗槐等树枝扎成把,每把 10～15 枝,每公顷插 150 把,4～5 天换 1 次,每天用塑料袋套蛾捕杀,特别是在棉田进行,可消灭大量成虫,对减少当地虫源有较好效果。

(3)生物防治

①用 Bt 制剂(1500 亿活孢子/毫升或克)6～7.5 升(千克)/公顷,兑水 600～750 升喷雾,连续喷 2～3 次,每次间隔 3～4 天,防治棉铃虫的效果为 75％～80％。

②用多角体病毒制剂 5％棉烟灵 750 毫升/公顷,兑水喷雾,对于防治第 3 代棉铃虫也能获得良好的效果。

③释放赤眼蜂:在棉铃虫产卵盛期放蜂 2 次,放蜂量为 30 万头/公顷,分设 60 个放蜂点(每亩放蜂 2 万头,4 个放蜂点),将次日即可羽化的赤眼蜂卡装入开口纸袋内,挂在植株中下部。

(4)喷药防治 喷药防治适期为卵期和初孵幼虫期,将药剂重点喷在棉株的嫩头、顶尖、上层叶片和幼蕾上。

常用药剂及用量:5％氟铃脲乳油 750 毫升,1.8％阿维菌素乳油 22.5 克,50％辛硫磷乳油 750～1125 毫升,26％灭铃皇乳油 600～900 毫升,2.5％功夫菊酯乳油 450～600 毫升,20％灭多威乳油 0.9～1.2

升,1.8%阿维菌素乳油 600～900 毫升,5%抑太保乳油 450～750 毫升,48%摧杀悬浮剂 60～80 毫升。上述药剂可任选 1 种,每公顷兑水 750～1125 升进行喷雾。

三、棉红铃虫

棉红铃虫属于鳞翅目、麦蛾科,为世界性棉花害虫。

1. 分布与为害

我国棉红铃虫除新疆、青海、宁夏及甘肃西部等地尚未发现外,在其他各棉区均有发生,但以长江流域棉区发生较重。棉红铃虫除了为害棉花外,还为害洋绿豆、洋麻等。为害棉花时主要以幼虫为害花、蕾、棉籽、青铃为主,引起蕾铃脱落或烂铃、僵瓣、黄花。

2. 形态识别

(1)成虫 成虫体长 6.5 毫米左右,体色为棕黑色,头顶、颜面为浅褐色。下唇须为浅褐色,长而向上弯曲,顶节有 2 个黑色环纹。触角丝状,浅灰褐色,除基节外各节端部为黑褐色,基节有栉毛 5～6 根。胸背为淡灰褐色,侧缘、肩板为褐色。前翅尖呈叶形,深灰褐色,翅面在亚缘线、外横线、中横线处有 4 条不规则的黑褐色横带纹,近翅基部具 3 个散生黑斑。后翅呈菜刀形,外缘略凹入,银白色,缘毛较长。雄蛾翅缰 1 根,雌蛾翅缰 3 根。

(2)幼虫 幼虫共 4 龄。老熟幼虫头部为浅红褐色,上颚为黑色。前胸硬皮板小,从中间分成 2 块。体肉为白色,各节体背有 4 个淡黑色毛片。前胸和腹部末节的背板为黑褐色,其余各节毛片周围为红色,全体呈淡红色。腹足趾钩单序,外侧缺环。

(3)蛹 蛹外有灰白色丝茧。蛹为浅红褐色,尾端尖,末端臀棘短,向上翘。翅芽伸达第 5 腹节,腹部第 5～6 节背面有腹足痕迹。

(4) 卵 卵呈椭圆形,表面具网状纹,似花生壳,一端有小黑点。

图 8-12 棉红铃虫成虫

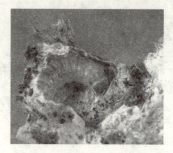
图 8-13 棉红铃虫幼虫

3. 为害规律

(1) 棉红铃虫的年发生代数在我国自北向南为 2~7 代。棉红铃虫常以老熟幼虫在棉花仓库屋顶、墙缝处结茧越冬,也有少数幼虫在棉籽、棉柴上的枯铃内越冬。

(2) 为害症状:

① 为害蕾:蕾上部有蛀孔,蛀孔很小,似针尖状,黑褐色,蕾外无虫粪,蕾内有绿色细屑状粪便,小蕾花蕊被吃光后不能开放而脱落,大蕾一般不脱落,花开放不正常,发育不良,花冠短小。

② 为害铃:在铃的下部、铃室联缝处或在铃的顶部有蛀孔,蛀孔与受害蕾上的蛀孔相似,黑褐色,羽化孔径约 2.5 毫米,铃内外无虫粪,在铃壳内壁上有黄褐色至水青色虫道和芝麻大小的虫瘤。

③ 为害棉籽:虫粪在棉籽内,小铃脱落,雨水多时大铃常腐烂,雨水少时呈僵瓣花,有时把两粒被害棉籽缀连成"双连籽"。

(3) 棉红铃虫第 1 代卵多产在棉花嫩头及上部果枝嫩叶、嫩芽和幼蕾苞叶上;第 2 代卵产在棉株下部青铃上,尤以铃基萼片上卵量最多;第 3 代卵多产在棉株中上部青铃的萼片内。

(4) 棉红铃虫适于在高温、高湿的环境条件下繁殖,适宜温度为 20~35℃,适宜相对湿度在 60% 以上。干旱年份虫害发生轻;一般靠近村庄、棉仓库、轧花厂、收花站、棉籽榨油厂等的棉田中棉红铃虫为害重;早播棉、地膜棉受害重;早发棉田第1代为害重,生长好、结铃多的棉田第2代为害重;晚发棉田第3代为害重。

(5)成虫的飞翔能力强,对黑光灯有较强的趋性。幼虫有避光性,怕热,从棉铃或棉籽内出来后向背光处爬行。

4.防治技术

我国棉红铃虫造成的危害自北向南逐渐加重,防治上应因地制宜,采取不同对策。长江棉区应采取越冬期防治和田间防治相结合的综合防治措施。

(1)越冬期防治

①利用自然低温消灭越冬棉红铃虫。

②棉仓灭虫。棉花入仓前,用石灰或泥浆把仓库墙壁、屋顶等处的裂缝抹平,再喷2.5%敌杀死乳油2000倍液或50%辛硫磷乳油1000倍液,然后封仓2~3天。

③在棉仓内释放红铃虫金小蜂。3月下旬至4月下旬,当日平均温度达14℃以上时,每5000千克籽棉放蜂1000头。

④安置黑光灯诱杀成虫。

(2)农业防治

①帘架晒花除虫。利用棉红铃虫幼虫背光、怕热的习性,通过帘架晒花,使越冬幼虫落地,放鸡啄食或人工扫除消灭。

②棉秸枯铃的处理。在5月中下旬前,将棉秸、枯铃集中处理完,烧不完的要集中堆起,对棉秸堆及其四周喷药,控制羽化成虫。

③种用棉籽要用温水浸种。

(3)田间防治

①诱蛾降低基数。在8月份利用黑光灯诱杀,还可用红铃虫性诱剂或杨树枝把诱杀成虫。

②化学防治。在长江流域主要防治2代红铃虫,在成虫产卵盛期喷洒2.5%敌杀死乳油600毫升/公顷,2.5%天王星乳油1000毫升/公顷,2.5%百树得乳油450~750毫升/公顷。棉花封垄后可用敌敌畏毒土杀蛾,每公顷用敌敌畏800克/升乳油150毫升,兑水20千克,拌细土20~25千克,于傍晚撒在行间,2代和3代蛾盛期时,应隔3~4天再撒1次。

四、棉叶螨

棉叶螨属于蜱螨目、叶螨科,也称"棉红蜘蛛"。

1. 分布与为害

棉叶螨主要有朱砂叶螨、二斑叶螨、截形叶螨、土耳其叶螨等。除土耳其叶螨主要分布在新疆外,其他叶螨在全国各地均有分布。朱砂叶螨和二斑叶螨为安徽省的优势种。通常所说的"棉红蜘蛛"或"棉叶螨",是几种叶螨的混合种群。棉叶螨除为害棉花外,还为害玉米、高粱、豆类、瓜类、蔬菜等100多种寄主。

成螨、若螨聚集在棉叶背面刺吸棉叶汁液,使棉叶正面出现黄白色斑点,后期叶面出现小红点。危害严重时,红色区域扩大,导致棉叶、棉铃焦枯脱落,状似火烧。一般情况下,由多种叶螨混合发生为害。

2. 形态识别

(1)成螨 成螨的体色差异较大,多为红色,躯背两侧各有1条深色长斑块,有时分隔成前后各2块,中间色淡。体背具毛4列,纵生。

(2)卵 卵为圆球形,直径约为0.13毫米。初产时为无色透明,孵化前具微红色。

第八章 棉花虫害防治技术

图 8-14 棉叶螨成螨和卵(1)

图 8-15 棉叶螨成螨和卵(2)

3.为害规律

(1)棉花被朱砂叶螨和二斑叶螨为害的初期,叶片上出现黄白色斑点,严重时叶片上出现红色斑块,直至叶片变红,呈火烧状。棉花被截形叶螨为害后,叶片上只产生黄白色斑点,不发红,也不产生卷叶,会造成叶绿素减少,氨基酸和可溶性蛋白质含量下降,过氧化氢酶活性受抑制,棉株代谢强度和抗逆性降低。棉花在苗期受害严重时会整株枯死,结铃初期被害时棉铃脱落。

(2)朱砂叶螨在长江流域棉区1年发生15~18代。

(3)在长江流域棉区,雌成螨于10月下旬开始在野苣子、小旋花、野苜蓿、蒲公英等杂草和豌豆、胡豆等作物上越冬。当次年春季气温上升到5℃以上时,成螨开始

图 8-16 棉叶螨为害状

活动产卵,3~4月份大量繁殖。第1代和第2代叶螨主要在小麦、豌豆等非越冬寄主上生活,棉苗出土后,叶螨进入棉田繁殖为害。

叶螨在田间呈聚集分布,发生初期以地边受害最重。田间出现为害中心,以后向四周扩散。4月中旬、7月中旬和8月下旬为3个高峰期。数量最大高峰期为7月中旬,这段时间气温高、叶茂密,利

于产卵、转移、传播和蔓延，因此，7月下旬为重点防治时期。

(4)叶螨主要营两性生殖，不经交配的雌成螨后代全为雄性。雌性与雄性比一般为4.5∶1。卵多产于叶背。单雌产卵量为188～206粒。叶螨有吐丝拉网习性，并借风力传播扩散，也可随水流扩散。在虫口密度大、食物缺乏时，有成群迁移的习性。

(5)少雨干旱易导致发生棉叶螨。5～8月份的降雨量和降雨强度与叶螨的发生有密切关系。5～8月份，当月平均降雨量小于100毫米时，发生严重；月平均降雨量为100～150毫米时，发生中等；月平均降雨量大于150毫米时，发生轻。大雨对红叶螨有冲刷作用，但通常雨后气温降低，3天左右虫口密度又能回升，同时雨水、流水有利于叶螨扩散。

(6)豆类与棉花间作时叶螨发生特别严重。红叶螨喜棉花，不喜小麦，因此宜棉麦间作。可以种一些早播棉花作诱虫剂，然后集中消灭虫口基数。

(7)叶螨的天敌主要有中华草蛉等多种草蛉、黑襟毛瓢虫、深刻点食螨瓢虫、塔六点蓟马和草间小黑蛛等，它们对叶螨的种群数量有一定的控制作用。

4.防治技术

(1)农业防治 清除棉田及附近杂草。

①冬季及早春进行棉田深耕冬灌，结合积肥铲除田边、沟边杂草，收集枯枝落叶并烧掉。

②棉苗期，采取"查、摸、摘、打"的方法，控制叶螨危害。从棉苗出土开始，3～5天"查"1次，顺着棉行检查。当发现棉叶上出现黄白斑或少数紫红斑时，用手"摸"叶背，捏死叶背的螨卵；下部叶片叶螨多时可以"摘"除叶片，并立即在这些少数受害株上"打"药。打药时要采取"发现一株打一圈、发现一点打一片"的办法，从外打到受害中心。

(2)药剂沟施防治 在往年棉叶螨发生严重的田块,随播种把药施入土中。一般用 15% 铁灭克 3～6 千克/公顷、3% 呋喃丹 3 千克/公顷。

(3)药剂喷雾防治 当棉叶出现黄白斑的株率达到 20% 时,应使用杀螨剂或杀虫剂对叶面喷雾。使用 20% 三氯杀螨醇 1500 倍液、10% 强力浏阳霉素乳油 2000 倍液,施药量为 750 千克;或用 15% 速螨酮乳油 2500 倍液 750～1125 毫升/公顷、螨克 200 克/升乳油 300～600 毫升/公顷、螨危 240 克/升悬浮剂 120～180 毫升/公顷;1.8% 阿维菌素乳油、2.5% 联苯菊酯、20% 甲氰菊酯乳油、50% 溴螨酯乳油 450～600 毫升/公顷;73% 克螨特乳油 600～1200 毫升/公顷、5% 卡死克悬浮剂 750～1000 毫升/公顷等,兑水 750～1000 升喷雾。

五、棉盲蝽

棉盲蝽属于半翅目、盲蝽科,是一类多食性刺吸类害虫,是棉田半翅目、盲蝽科害虫的统称。世界上已知为害棉花的盲蝽有 50 多种,中国有 28 种,棉田常见的约 10 种。随着转 Bt 抗虫基因棉在全球的大面积推广,棉盲蝽等刺吸性害虫的数量明显上升,有成为优势害虫(螨)类群的趋势。

1.分布与为害

为害棉花的棉盲蝽主要有绿盲蝽、三点盲蝽、苜蓿盲蝽和中黑盲蝽等 4 种。其中绿盲蝽的危害最为普遍,是黄河流域、长江流域为害棉花的盲蝽优势种。

棉盲蝽的寄主包括 28 科 97 种植物,如苜蓿、马铃薯、豆类、胡萝卜、桑、麻类、蒿类、向日葵、芝麻、小麦、玉米、高粱、瓜类、药用植物、花卉、番茄、十字花科蔬菜、枣、木槿、石榴、苹果、海棠、桃等。棉盲蝽主要为害棉花的顶芽、边心、花蕾及幼铃,吸食棉株汁液。顶芽受害后枯焦发黑,形成无头苗;被害叶片呈"破叶疯",现蕾稀少,影响产量。

2. 形态识别

(1)成虫

①绿盲蝽:体长约5毫米,宽约2.2毫米,绿色,密被短毛。头部呈三角形,黄绿色,复眼黑色,突出,无单眼,触角4节,呈丝状,较短,约为体长的2/3,第2节节长等于第3~4节节长之和,颜色渐深,第1节为黄绿色,第4节为黑褐色。前胸背板为深绿色,密布小黑点,前缘宽。小盾片为三角形,微突,黄绿色,中央具一浅纵纹。前翅膜片为半透明,暗灰色。足为黄绿色,后足腿节末端具褐色环斑,雌虫后足腿节较雄虫短,不超过腹部末端,跗节3节,末端为黑色。

②三点盲蝽:体长7毫米左右,黄褐色带黑色斑纹,触角与身体等长,前胸背板为紫色,后缘具一黑横纹,前缘具黑斑2个,小盾片与两个楔片具3个明显的三角形黄绿色斑。

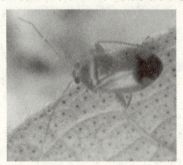
图8-17 绿盲蝽

图8-18 三点盲蝽

③中黑盲蝽:体长6~7毫米,褐色。触角比身体长。前胸背板中央具2个小圆黑点,小盾片、爪片大部为黑褐色。

④苜蓿盲蝽:体长7.5~9毫米,宽2.3~2.6毫米,黄褐色,被细毛。头顶三角形,褐色,光滑,复眼扁圆,黑色,喙4节,端部黑,后伸达中足基节。触角细长,第1节较头宽短,顶端具褐色斜纹,中叶具褐色横纹,被黑色细毛。

(2)若虫 5龄若虫体色为鲜绿色,复眼为灰色,身上有许多黑色绒毛。翅芽尖端为黑褐色,达腹部第 5 节。腺囊口有 1 条黑色横纹。

图 8-19 中黑盲蝽

图 8-20 苜蓿盲蝽

(3)卵 卵长约 1 毫米。卵盖为奶黄色,中央凹陷,两端突起,无附属物。

3. 为害规律

(1)春季棉盲蝽主要集中在越冬寄主和早春作物上为害,在棉花幼苗期转移到棉苗上为害,为害盛期在棉花现蕾到开花盛期。

图 8-21 棉盲蝽若虫

(2)棉盲蝽的成虫、若虫刺吸棉株顶芽、边心、嫩叶、花蕾及幼铃的汁液。子叶期幼芽受害时生长点变黑、干枯,形成顶枯,仅剩 2 片子叶肥厚且不再生长的"公"棉花或"无头棉";真叶出现后,顶芽受害枯死,不定芽丛生,形成多头棉,俗称"破头疯";幼叶被害处初为小黑点,展开后形成具有大量破孔、皱缩不平的"破叶疯"。顶心、腋芽、生长点和旁心受害时造成腋芽丛生、疯长,破叶累累似扫帚苗。幼蕾受害时由黄变黑并枯落,稍大的蕾受害后苞叶张开,不久后干枯或脱落;棉铃受害时出现黑褐色水渍斑,满布黑点,严重时僵化落铃。

(3)棉盲蝽日夜均可活动,但夜晚活动较活跃,白天多在叶背、叶柄等隐蔽处潜藏或爬行。成虫的飞翔能力强,行动活跃。黑光灯常可诱到大量成虫。棉盲蝽喜黄色、阴湿,怕干燥、强光。

图8-22　棉盲蝽为害状(1)

图8-23　棉盲蝽为害状(2)

(4)绿盲蝽产卵部位一般为棉花叶柄、嫩组织,也可在嫩茎秆上产卵。第2代卵产在叶边缘的约占80%以上;第3代以主茎叶片上的卵量较多。每处产卵一至多粒,通常排列呈"一"字形。1天内产卵的时期以夜间为多(尤其在20时至次日1时最多),而在中午前后一般不产卵。1～4代卵产于嫩芽内和嫩叶正面,下端垂直嵌入幼嫩组织,嵌入深度为卵的1/4。卵散产,多为单粒。

图8-24　棉盲蝽为害状(3)

(5)棉盲蝽喜中温高湿条件,适宜温度为20～29℃,相对湿度为70%以上。春季低温时,棉盲蝽推迟发生期,夏季温度达45℃以上,在短时间内可造成棉盲蝽大量死亡。一般6～8月份降雨偏多的年份,易导致棉盲蝽发生为害;棉花生长茂盛、蕾花较多的棉田虫害发生较重。

(6)凡植株高大茂密、植株嫩绿、含氮量高的棉田,受害较严重。

(7)棉盲蝽的天敌有蜘蛛、寄生螨、草蛉以及卵寄生蜂等,以点脉缨小蜂、盲蝽黑卵蜂、柄缨小蜂3种寄生蜂的寄生作用最强,自然寄生率为20%～30%。

4.防治技术

棉盲蝽的防治应采取农业防治和化学防治相结合的综合防治措施。积极开展统防统治,狠抓第1代防治,控制侵入棉田的棉盲蝽数量;挑治2～3代,减轻棉田危害;兼治4～5代,降低越冬虫源数量。

(1)农业防治

①在3月份越冬卵孵化前,结合积肥清除棉花枯枝及杂草等越冬寄主,将棉盲蝽消灭在棉田外,或收割绿肥不留残茬。翻耕绿肥时全部埋入地下,减少向棉田转移的虫量,使棉花免受损失。卵孵化前,去除路边、地头杂草及棉柴,减少早春越冬虫源寄主。

②合理密植,平衡施肥。合理密植,施用氮、磷、钾配方肥,做到有机肥与化学肥料相配合,增施生物肥料及微肥,切忌偏施氮肥,以防止棉花生长过旺。

③进行棉花营养钵育苗,扩大麦田套种棉花面积,使棉花生育期提前,减少棉盲蝽食料来源,降低越冬虫源基数。

④做好棉田整枝和化控工作,避免为棉盲蝽为害提供适宜田间环境。对已经出现的多头棉应及早除去丛生枝,留1～2个壮枝,可加快棉株生长,减少损失。适时化控,防止棉株徒长旺长。

(2)生物防治 棉盲蝽的天敌主要有草蛉、小花蝽、蜘蛛、姬猎蝽、拟猎蝽、黑卵蜂等,它们对盲蝽都有较好的控制作用。因此,棉田用药要选择高效低毒、对天敌杀伤力小的化学农药或生物农药,如选用苏云金芽孢杆菌等生物农药防治棉铃虫、用阿维菌素防治棉红蜘蛛等,对天敌均有较好的保护作用。

(3)化学防治 针对盲蝽的生活习性和成虫迁飞能力强的特点,抓住5月下旬至6月上旬防治棉盲蝽的关键时期,将刚入侵棉田的第1代绿盲蝽成虫全歼,这是主动治虫的主要措施。喷药时间应选在10时以前或16时以后。喷药时务必要细致,药液浓度不一定高,但用药液量必须多些,要求全株着药。对生长快、密度大、郁蔽的棉田和中后期贪青棉田还要加强防治。对相邻成片棉田尽量做到统一防治,防止害虫在田与田之间迁移为害,提高防治效果。

①从棉花苗期到蕾铃期,当百株棉花有成虫、若虫1~3头或新被害株率达3%时,用有机磷类药剂滴心或喷药,连喷3次,每次间隔5~7天,可防治多种盲蝽、蚜虫以及叶螨,同时不伤害天敌昆虫。因棉盲蝽若虫个体小、不易被发现,可以及时查看嫩尖、顶心、幼蕾等幼嫩组织,发现有黑点时,及时用药。

②在成株期(棉盲蝽发生高峰期),根据田间防治指标及时防治。一是在5月中下旬结合防治蚜虫兼治棉盲蝽;二是抓好6月中下旬棉花现蕾期的防治。此时棉花植株比较幼嫩,如遇雨多或湿度大的气候条件,易导致棉盲蝽发生与为害,该时期是防治关键期。当果枝或顶尖叶片被害株率达5%或点片棉株受害时,及时进行药剂防治。可选用4.5%高效氯氰菊酯乳油1000倍液、3%啶虫脒2000倍液、2%的甲基阿齐螨素3000倍液、70%艾美乐水分散粒剂2000倍液、35%赛丹乳油2500倍液、2.5%百树得乳油1500倍液和2.5%敌杀死乳油2000倍液等进行喷雾,施药量为750千克/公顷。

第九章 玉米虫害防治技术

玉米的害虫种类很多,在我国约有227种。玉米苗期常遭受地老虎、蛴螬、蝼蛄、金针虫等地下害虫为害。玉米的食叶性害虫有东亚飞蝗、土蝗类、黏虫、甜菜夜蛾、斜纹夜蛾等;刺吸类害虫有蚜虫类、高粱长蝽等;蛀食性害虫有玉米螟、条螟、桃蛀螟、大螟等。玉米害虫以玉米螟和东亚飞蝗最为重要。玉米螟是玉米的蛀茎害虫,发生普遍,危害严重,在玉米与棉花夹种地区,亦能转移为害棉花,甚至成为影响棉花生产的重要害虫之一。

一、玉米螟

玉米螟属于鳞翅目、螟蛾科,俗称"玉米钻心虫"。

1. 分布与为害

玉米螟为世界性大害虫,玉米的整个植株都受其害。据统计,全国玉米螟每年发生面积近2亿亩,其中东北、华北地区为重灾区,一般年份春玉米受害减产8%~10%,夏玉米受害较重,大发生年份减产20%~30%。此外,玉米螟还会降低玉米品质,影响等级和价格。

2. 形态识别

(1)成虫 成虫体长12~15毫米,翅展20~34毫米。触角呈丝状,前翅为三角形。雄蛾前翅为黄褐色,有2条褐色波状横线,两线间有2个暗褐斑,近外缘有1条褐色横带,雌蛾前翅为淡黄褐色,暗斑较横线色深,后翅线纹模糊或消失。

(2)幼虫 幼虫为5龄。老熟幼虫体长25毫米,背面为淡褐色、灰黄色或淡红色,腹面为乳白色,背线明显,两侧有较模糊的暗褐色亚背线。"玉米高粱谷,背线三四五",说的就是玉米螟、高粱螟和谷螟三大钻心虫的背线数目。中胸和后胸背面各有4个毛疣,每疣生刚毛2根,第1～8腹节背面各有2排近圆形毛片,前排4个较大,后排2个较小,腹足趾钩3序缺环。

图9-1 玉米螟成虫

图9-2 玉米螟幼虫

(3)卵 卵粒为扁椭圆形,乳白色,呈鱼鳞状,排列成卵块。

图9-3 玉米螟卵(1)

图9-4 玉米螟卵(2)

(4)蛹 蛹为黄褐色,体长15～18毫米,第5～7节各节前缘有突边板,臀棘为黑褐色,上有钩刺5～8根。

3.为害规律

(1)全国各地每年发生1~6代,75%以上以老熟幼虫在玉米、高粱、谷子等的秸秆、穗轴和根茬内越冬。

(2)成虫昼伏夜出,有趋光性,喜食甜物,有趋向高大、嫩绿植物产卵的习性。

图9-5 玉米螟蛹

(3)卵多产在叶背靠主脉处,每雌可产卵300~600粒。

4)为害特点:

①在玉米心叶期,初孵幼虫群集在心叶内,取食叶肉和上表皮。被害心叶展开后形成透明斑痕,幼虫稍大后,可把卷着的心叶蛀穿,故被害心叶展开后呈排孔状。

图9-6 玉米螟为害状(1)

图9-7 玉米螟为害状(2)

图9-8 玉米螟为害状(3)

图9-9 玉米螟为害状(4)

②玉米抽雄后,幼虫蛀入雄穗轴,并向下转移到茎内蛀害。

图9-10 玉米螟为害状(5)

图9-11 玉米螟为害状(6)

③在玉米穗期,幼虫除少数仍在茎内蛀食外,大部分转移到雌穗为害,取食花丝和幼嫩籽粒。故玉米心叶末期(幼虫群集尚未转移前)是化学防治玉米螟的关键时期。

4.防治技术

(1)农业防治

①处理越冬寄主,压低越冬虫源基数:秋收后至次年春季越冬幼虫化蛹前,处理玉米、高粱、谷子等的秸秆(穗节)、穗轴、根茬等害虫越冬场所。

②齐泥收割或掐长穗,压低越冬虫量:利用螟虫在玉米根茬的越冬习性,秋收时齐地面收割或掐长穗。

③种植诱杀田:利用雌蛾喜趋于生长高大、茂密、丰产玉米上产卵的习性,有计划地早播部分玉米、谷子等,吸引雌蛾大量集中产卵,然后及时采取防治措施,以减轻大面积受害程度。

④改革耕作制度:减少春播寄主面积,扩大夏播寄主面积,以切断第1代虫源,减轻夏播田受害率;匍匐型绿豆与夏玉米间作时,可明显提高田间螟卵赤眼蜂的寄生率。

⑤选育和利用转 Bt 基因抗虫玉米等品种。

(2)生物防治

①释放赤眼蜂治螟:主要用于防治第2～3代玉米螟,从产卵始盛期至盛末期(即田间百株卵量达1～1.5块时),人工释放赤眼蜂1～2次,每次放蜂12万～15万头/公顷,若田间虫量大,可隔3～5天再放1次。每次设放蜂点60～75个/公顷,将蜂卡卷入玉米叶筒内,用大头针别牢,赤眼蜂羽化后寄生在玉米螟卵。该措施的防治效果为70%～80%。蜂种可用松毛虫赤眼蜂、拟澳洲赤眼蜂和玉米螟赤眼蜂。

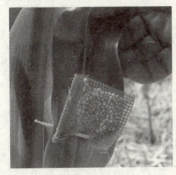

图9-12 蜂卡

图9-13 赤眼蜂

②利用细菌、白僵菌治螟:用每克含50亿～100亿个孢子的白僵菌进行秸秆封垛,每立方米用菌粉100克,加水50千克喷雾,喷雾深度以0.3米为宜,可将越冬玉米螟消灭在秸秆中,降低虫源基数。

(3)成虫诱杀

①灯光诱杀:在春季利用高压汞灯诱杀玉米螟成虫,可以减少田间虫量,降低为害率。

②性诱剂诱杀:在春季利用性诱剂诱杀玉米螟成虫,可以减少田间虫量,降低为害率。

(4)化学药剂防治

①心叶期防治:当心叶末期花叶株率达10%时应防治1次,当百穗花丝有虫50头时,应在花丝盛期防治1次。在春玉米心叶期防治

第1代,在夏玉米心叶期防治第2代。一般在心叶末期喇叭口内投释颗粒剂的效果最好。颗粒剂撒施用量每株2克,每公顷约75千克,或顺垅撒在谷苗根际,形成药带,效果亦佳。每公顷用1%甲氨基阿维菌素乳油2000毫升,与150千克土混合,制成毒土撒施,或用0.25%辛硫磷颗粒剂。

②穗期防治。

施用颗粒剂:在玉米抽丝盛期(玉米螟卵孵化盛期),在"一顶四叶"(即雌穗顶部和穗上2个叶腋、穗下1个叶腋和雌穗着生节的叶腋)部位撒施颗粒剂。方法和药剂同心叶期防治的方法和药剂。

药液滴穗(点花丝):可用50%敌敌畏乳剂7.5千克/公顷,兑水400千克后搅匀施用,或用美除150~600毫升/公顷,兑水稀释后,灌注雄穗和雌穗花丝基部。

二、地老虎

地老虎又名"切根虫"、"夜盗虫",属于鳞翅目、夜蛾科,为杂食性作物害虫。地老虎的种类很多,农业生产上造成危害的有小地老虎、黄地老虎、大地老虎、白边地老虎和警纹地老虎等10余种,均以幼虫为害作物,其中小地老虎尤为重要。现以小地老虎为例进行介绍。

1. 分布与为害

地老虎在我国遍及各地,但在南方旱作及丘陵旱地发生较重,北方则在沿海、沿湖、沿河、低洼内涝地及水浇地发生较重。地老虎可为害棉花、玉米、烟草、芝麻、豆类、多种蔬菜等春播作物,也取食黎、小蓟等杂草。

2. 形态识别

(1)成虫 成虫体长16~23毫米,翅展42~54毫米;前翅为黑褐色,肾状纹、环状纹和棒状纹各有1个,肾状纹外有尖端向外的黑色楔状纹,与亚缘线内侧 2 个尖端向内的黑色楔状纹相对。

(2)幼虫 幼虫共 6 龄。老熟幼虫体长 33～45 毫米,头部黑褐色,体表黄褐色至黑褐色,体表多皱纹,且密布黑色颗粒状小突起,背面有淡色纵带;臀板有两大块黄褐色纵带状斑纹,中央断开,有较多分散的小黑点。

图 9-14　地老虎成虫

图 9-15　地老虎幼虫

(3)卵:卵呈半球形,直径约 0.6 毫米,初产时为乳白色,孵化前呈棕褐色。

(4)蛹:蛹长 18～24 毫米,红褐至黑褐色;腹末端具 1 对臀棘。

图 9-16　地老虎卵

图 9-17　地老虎蛹

3.为害规律

(1)1～2 龄幼虫在白天和黑夜都在地面上活动,寻找食物,主要为害嫩叶。初孵幼虫在幼苗心叶上取食,会造成许多半透明的小斑点。3 龄后幼虫从地上转移到地下为害,白天一般潜藏在浅土里,夜晚或阴雨天出土为害,在离地面 1～2 厘米处将茎基部咬断。4 龄以上幼虫多将植株近地面茎基部咬断,将苗拖入土中继续取食。5～6

龄幼虫进入暴食期,其食量占整个幼虫期的91.2%,每头幼虫一夜可咬断幼苗3~5株,造成田间大量缺苗、断垄,甚至毁种(毁苗)重播。大龄地老虎为害幼虫可造成空心苗。

3龄后幼虫有假死性和自相残杀性,遇惊动缩成环形。幼虫经30~45天老熟后在土中筑土室化蛹。蛹室距地面3~4厘米。蛹期为9~17天。

(2)成虫白天潜伏,夜出活动。成虫的飞翔能力很强,具有远距离迁飞能力,可累计飞行34~65小时,飞行总距离为1500~2500千米。

(3)成虫对黑光灯有很强的趋性(但对普通灯光趋性不强),并具有强烈的趋化性,喜吸食糖蜜等带有酸甜味的汁液。

(4)成虫羽化后需补充营养,最喜食油菜花,其次喜食桃花、李花、梨花、白菜花等。成虫期补充营养对其交配产卵和寿命等有很大影响。羽化3~5天后交配产卵。60%~70%的成虫的卵散产或成堆产,多产在土块或地面缝隙内,每雌产卵800~2000粒。卵期因温度而异,25℃下为5~6天,30℃以上为2~3天。

图9-18 地老虎为害状

(5)春播作物早播时受害轻,反之较重。秋播作物早播时受害重,反之较轻。地下水位较低、土壤板结及碱性大的地块受害轻。砂质壤土有利于地老虎繁殖。

4.防治技术

(1)农业防治

①在菜苗定植前,选择地老虎喜食的灰菜、刺儿菜、苦荬菜、小旋花、百稽、艾篙、青蒿、白茅、鹅儿草等杂草堆放诱集地老虎幼虫,然后人工捕捉,或拌入药剂毒杀。

第九章 玉米虫害防治技术

②早春时清除玉米田及周围杂草,在清除杂草的时候,把田埂阳面土层铲掉 3 厘米左右,防止地老虎成虫产卵,减少成虫产卵场所,可以有效降低化蛹地老虎数量。

③清晨在被害苗株的周围找到潜伏的幼虫,每天捉拿,坚持捉虫 10~15 天。

④适当调节播种期,可减轻为害。

(2)诱杀成虫

①采用黑光灯诱蛾扑杀成虫,减少虫源。

②配制糖醋液诱杀成虫。糖醋液配制方法:糖 6 份、醋 3 份、白酒 1 份、水 10 份、90%万灵可湿性粉剂 1 份,混合后调匀,在成虫发生期设置。在某些发酵变酸的食物如甘薯、胡萝卜、烂水果等中加入适量药剂,也可诱杀成虫。

(3)药剂防治

①配制毒饵,播种后在行间或株间进行撒施。毒饵配制方法:

豆饼(或麦麸)毒饵:称取豆饼 20~25 千克,压碎、过筛,制成粉状,炒香后均匀拌入 40%辛硫磷乳油 0.5 千克。农药可用清水稀释后喷入并搅拌,以豆饼粉湿润为好,然后按用量 60~75 千克/公顷撒在幼苗周围。

青草毒饵:将青草切碎,每 50 千克青草加入农药 0.3~0.5 千克,拌匀后成小堆状撒在幼苗周围,用量为 300 千克/公顷。

②穴施或灌根防治:用 50%辛硫磷 3000~4500 毫升/公顷,拌细土 300~450 千克穴施,或在玉米出苗后兑水 150 千克灌根防治。

③喷药防治:在地老虎 1~3 龄幼虫期,采用 48%地蛆灵乳油 1500 倍液、48%乐斯本乳油或 48%天达毒死蜱 2000 倍液、2.5%劲彪乳油 2000 倍液、10%高效灭百可乳油 1500 倍液、21%增效氰·马乳油 3000 倍液、2.5%溴氰菊酯乳油 1500 倍液、20%氰戊菊酯乳油 1500 倍液、20%菊·马乳油 1500 倍液、10%溴·马乳油 2000 倍液等喷雾,施药量为 750 千克/公顷。

三、玉米蚜

玉米蚜属于同翅目、蚜科,俗名"腻虫"、"麦蚰"、"蚁虫",为世界性害虫。

1. 分布与为害

玉米蚜分布在全国各地,其寄主主要有玉米、高粱、小麦、狗尾草等。

2. 形态识别

(1)有翅孤雌蚜 有翅孤雌蚜呈长卵形,体长1.6~2毫米。头、胸部黑色发亮,腹部为黄红色至深绿色,腹管前有暗色侧斑。触角6节,比身体短,长度为体长的1/3。触角、喙、足、腹节间、腹管及尾片均为黑色。腹部第2~4节各具1对大型缘斑,第6~7节上有背中横带,第8节中带贯通全节。前翅中脉分为2~3支,后翅常有肘脉2支。

(2)无翅孤雌蚜 无翅孤雌蚜呈长卵形,长1.8~2.2毫米,活虫为深绿色,披薄白粉,附肢黑色,复眼红褐色。腹部第7节毛片黑色,第8节具背中横带,体表有网纹。触角、喙、足、腹管、尾片均为黑色。触角6节,长度约为体长的1/3。喙粗短,不达中足基节,端节为基宽的1.7倍。腹管呈长圆筒形,端部收缩,腹管具覆瓦状纹。尾片呈圆锥状,具毛4~5根。

图9-19 有翅孤雌蚜

图9-20 无翅孤雌蚜

(3)卵 卵呈椭圆形。

3. 为害规律

(1)玉米蚜在长江流域每年发生20多代,冬季以成蚜、若蚜在小麦心叶上越冬,或以孤雌成蚜、若蚜在禾本科植物上越冬。

翌年3~4月份,玉米蚜随气温上升开始活动,多集中于越冬寄主心叶内为害。4月底至5月初,大量有翅蚜迁往春玉米、高粱、芦苇等禾本科作物或杂草上,此为第1次迁飞高峰;玉米抽穗前多集中于心叶中为害,抽雄后扩散至雄穗繁殖为害;7月中下旬陆续迁往夏玉米及沟边禾本科杂草上,此为第2次迁飞高峰。随着夏玉米抽雄,大量成蚜、若蚜群集于雄穗苞内,形成"黑穗",严重时所有叶片、叶鞘及雌穗苞内外遍布蚜虫,造成"黑株"。9~10月份夏玉米老熟时,产生有翅蚜,迁往沟边、地头向阳处禾本科杂草及冬小麦上,繁殖1~2代后越冬。

图9-21 玉米蚜为害状

图9-22 七星瓢虫

(2)蚜虫以成蚜、若蚜在玉米苗期至成熟期发生为害。玉米蚜虫常常群集于心叶、叶片背面、花丝和雄穗等处刺吸植物组织汁液,一般在叶面不易见到。随着心叶的不断展开,玉米蚜陆续迁向新生心叶内,集中繁殖为害,常引起叶片变黄或发红,影响玉米生长发育。因此,在展开的叶面,常可见到一层密密麻麻的脱皮壳,这是玉米蚜为害玉米的主要特征。玉米蚜能分泌"蜜露",并常在被害部位形成黑色霉状物,有别于高粱蚜。玉米蚜的危害严重时会影响光合作用,甚至导致植株枯死,若发生在雄穗上,常影响授粉而导致减产。此外,蚜虫还能传播玉米矮花叶病毒和红叶病毒,导致产生病毒病,造成更大损失。玉米蚜在紧凑型玉米上主要为害雄花和上层1～5叶(下部叶受害轻),刺吸玉米的汁液,导致叶片变黄枯死,常使叶面生霉变黑,影响光合作用,使粒重减小,并传播病毒病,造成减产。

4.防治技术

(1)农业防治 选育抗蚜品种;合理布局作物,间作套种,如将高粱与小麦或大豆套种。

(2)生物防治 保护并利用天敌。玉米蚜的天敌有异色瓢虫、七星瓢虫、龟纹瓢虫、食蚜蝇、草蛉和寄生蜂等。

(3)化学防治

①点片发生期。

中心蚜株施药:用40%乐果乳油等1500倍液喷雾。

心叶期兼治:在玉米心叶期,结合防治玉米螟,用3%辛硫磷颗粒剂22.5～30千克/公顷撒于心叶,既可防治玉米螟,也可兼治玉米蚜虫。也可用10%氯氰菊酯或2.5%辉丰菊酯450毫升/公顷,兑水375千克进行喷雾防治,既可防治玉米蚜虫,也可防治玉米螟。

喇叭口期防治:结合防治玉米螟,撒施呋喃丹颗粒剂。

②普遍发生期。抽雄期是防治玉米蚜虫的关键时期。在玉米抽雄初期,用3%啶虫脒或10%吡虫啉225～300克/公顷,兑水750千克喷雾。还可使用毒砂土防治,用40%乐果乳油750毫升/公顷,兑水7500升稀释后,拌225千克细砂土,然后把拌匀的毒砂土均匀地撒在植株心叶上,每株1克。也可同时防治玉米螟。

当有蚜株率达30%～40%且出现"起油株"时,及时用药剂防治。常用40%乐果乳油1000～1500倍液、50%抗蚜威可湿性粉剂4000～5000倍液、10%吡虫啉可湿性粉剂60～105克/公顷、30%乙酰甲胺磷乳油1350毫升/公顷等进行喷雾防治,药液量为150～600千克/公顷。

四、甜菜夜蛾

甜菜夜蛾属于鳞翅目、夜蛾科,别名"贪夜蛾",是一种世界性分布、间歇性大发生的以为害蔬菜为主的杂食性害虫。

1. 分布与为害

甜菜夜蛾的分布极广,主要为害玉米、大豆、棉花、葱等170多种蔬菜及其他植物。一般受害株率为60%～80%,严重的高达95%,植株地面以上被吃光。

2. 形态识别

(1)成虫 成虫体长8～10毫米,翅展19～25毫米。体表为灰褐色,头、胸部有黑点。前翅灰褐色,基线仅前段可见双黑纹。内横线双线呈黑色,波浪形外斜。剑纹为一黑条。环纹粉黄色,黑边。肾纹粉黄色,中央褐色,黑边。中横线黑色,波浪形。外横线双线黑色,锯齿形,前后端的线间白色。亚缘线白色,锯齿形,两侧有黑点,外侧有1个较大的黑点。缘线为一列黑点,各点内侧均衬白色。后翅白色,翅脉及缘线黑褐色。

(2)幼虫 老熟幼虫体长约22毫米。体色变化很大,有绿色、暗绿色、黄褐色、褐色或黑褐色等,背线有或无,颜色亦各异。较明显的特征是腹部气门下线为明显的黄白色纵带,有时带粉红色,此带的末端直达腹部末端,不弯到臀足上去。各节气门后上方具一明显的白点。此种幼虫在田间易与菜青虫、甘蓝夜蛾的幼虫混淆。

(3)卵 卵粒为圆球状,白色,成块产于叶面或叶背,8～100粒不等,排成1～3层,外面覆有雌蛾脱落的白色绒毛,因此不能直接看到卵粒。

(4)蛹 蛹长约10毫米,黄褐色。中胸气门显著外突。臀棘上有刚毛2根,其腹面基部亦有2根极短的刚毛。

图9-23 甜菜夜蛾成虫

图9-24 甜菜夜蛾幼虫

图9-25 甜菜夜蛾卵

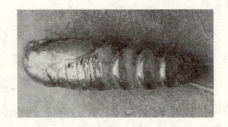
图9-26 甜菜夜蛾蛹

3.为害规律

(1)甜菜夜蛾在黄淮地区每年发生5代,世代重叠现象严重,以蛹在表土层越冬。翌年6月中旬始见越冬成虫,第1代幼虫发生在6月下旬至7月上旬,第2代幼虫发生在7月下旬至8月上旬,第3～5代幼虫分别发生在8月份至10月份,第5代幼虫于10月中下旬化蛹越冬。

(2)幼虫共5龄。1～2龄幼虫吐丝结网,多群集在叶尖3～5毫米幼嫩部位取食,食量小,抗药性弱,孵化后2天左右从啃食处钻入茎秆内群集为害,残留白色透明外表皮。3龄后幼虫食量大增,并分散为害,造成毁产绝收。幼虫在虫口密度过高又缺食料的条件下,有自相残杀现象。同时,幼虫具有杂食性、假死性、畏光性、迁移性等特性。

(3)甜菜夜蛾成虫昼伏夜出,白天潜伏在土缝、玉米、草丛间等隐蔽处,夜间活动旺盛。甜菜夜蛾有2个活动高峰期,即19～22时和5～7时,多在活动高峰期内进行取食、交配、产卵。成虫有较强的趋光性和趋化性,受惊吓时作短距离飞行。

(4)卵多成块产在玉米中上部叶片上,卵块少则几粒,多则上百粒,上盖有一层灰色鳞毛,平均每头雌蛾可产卵4～5块,共200～600粒。卵期为3～5天。初产卵为乳白色,后变为淡黄色,近孵化时呈灰黑色,清晨7时前孵虫最多。

4.防治技术

根据甜菜夜蛾发生为害特性以及大龄幼虫具有较强的抗药性、耐药性等特性,在防治上应采取"治早、治小"策略,以农业防治为基础,以药剂防治为主导,辅以物理与生物防治。

(1)农业防治

①在甜菜夜蛾化蛹期及时对玉米田浅翻地,消灭翻出的虫蛹,减少下一代虫源。

②及时铲除地中、田边、田埂、地头杂草,减少该虫的孳生场所。

③玉米收获后应及时清除病株残体,并加强对冬菜地的中耕除草及冬闲地的耕翻,以减少越冬蛹量。

(2)生物防治 甜菜夜蛾的天敌主要有寄生蜂、寄生蝇、田间小蜘蛛、食虫蝽、草蛉等,其中缘腹绒茧蜂为优势种,对甜菜夜蛾的发生为害有一定的控制作用。尤其在3～4代幼虫发生期,如果田间湿度适宜,则天敌的寄生率较高,就可以在不施药的情况下靠天敌控制害虫。另外,为保护田间天敌,可选用20%灭幼脲Ⅲ悬浮剂50毫升兑水50千克喷雾防治,也可选用10%吡虫啉可湿性粉剂1000倍液或Bt乳剂500毫升/公顷兑水50千克喷雾防治,效果较好。

(3)物理防治 由于成虫具有较强的趋光性和趋化性,因此,有条件的地方可结合诱杀其他害虫,设置黑光灯或频振式杀虫灯诱杀,也可采用性诱剂、糖醋液进行诱杀。

(4)化学防治

①科学用药:防治甜菜夜蛾要加强虫情调查,做好虫情预报,喷药时对植株上下四周及叶片正背面全面喷施。在玉米田防治时应以喷头向上为宜,以防药液流失和幼虫受惊假死坠地,影响防治效果。施药时间最好选在清晨或傍晚,必要时可在第1次喷药后5~7天喷施第2次药,并合理轮换用药,以减少产生抗药性,提高防治效果。

②合理选用化学药剂:防治时选用高效、低毒、低残留的化学农药,于黄昏后或早上8时以前喷洒。可选用10%除尽乳油1000倍液、21%灭杀毙乳油1500倍液、5%卡死克乳油1500倍液、20%灭扫利乳油1000倍液或1%甲氨基阿维菌素苯甲酸盐乳油3000~4000倍液等,施药量为750千克/公顷,进行喷雾防治,效果较好,隔5~6天再喷1次,连续防治2~3次。

五、东亚飞蝗

东亚飞蝗俗称"蚂蚱",属于直翅目、蝗总科,全世界有10000多种,中国有1000多种。平均株为害率约为10.5%,严重田块株为害率达44%左右。

1.分布与为害

东亚飞蝗分布较广,从北纬42°以南至南海,西起甘肃陇南地区,东至东海及台湾等地区,均有分布,其中长江以北的华北平原为主要蝗区。东亚飞蝗是我国历史上为害最重、发生次数最多的大害虫。

飞蝗喜食禾本科和莎草科植物,其中最喜食芦苇、稗草和红草,一般不取食双子叶植物。成虫和蝗蝻一般咬食植物叶片和嫩茎,大发生时可将作物吃成光杆。

2. 形态识别

(1) 成虫 雄虫的体长为 32.4～48.1 毫米,雌虫的体长为 38.6～52.8 毫米,体色常为绿色或黄褐色。触角呈丝状;具 1 对复眼和 3 个单眼,咀嚼式口器,后足明显较长,善跳跃。前翅透明狭长,具有光泽和暗色斑纹;后翅透明,静止时折起,为前翅覆盖。腹部第 1 节背板两侧具鼓膜器。雄虫腹部末端下生殖板呈短锥形,雌虫腹部末端为 1 对产卵瓣。

图 9-27 东亚飞蝗成虫

图 9-28 东亚飞蝗若虫

(2) 若虫 若虫一生要蜕皮 5 次。蝗蝻的形态和生活习性与成虫相似,只是身体较小,生殖器官没有发育成熟。体长仅约 4.8 毫米,体色为褐色,眼后方具白色的纵纹,两眼间至腹背末端有 1 条白色的纵线,尤其体背中的白色纵线特别醒目,后脚腿节特别发达。

(3) 卵 卵囊为黄褐色或淡褐色,长筒形,长约 45 毫米,中间略弯,上端为胶液,卵粒在下部微斜,排列成 4 行。每块卵囊一般含卵 50～80 粒,卵粒长 6～7 毫米,直径约为 1.5 毫米。

图 9-29 东亚飞蝗卵

3. 为害规律

(1)飞蝗无滞育,在黄淮海地区每年发生2代,在江淮地区每年发生2～3代。

(2)每天16时至日落前为飞蝗成虫的活动高峰期;每头飞蝗一生可取食约267克食物;飞蝗的取食量与气候和龄期有关,干旱季节食量大;3龄前若虫的食量较小,4龄若虫的食量大增,成虫的食量最大。

(3)飞蝗成虫产卵时喜欢栖息在地势低洼、易涝易旱或水位不稳定的海滩或湖滩,以及大面积荒滩或耕作粗放的夹荒地上,且主要在植被稀少、坚硬向阳处产卵。飞蝗产卵时腹部长度可达平时的3倍,卵室深度为4～6厘米,每只飞蝗产4～5个卵块,共300～400粒卵。飞蝗的卵在土下4～6厘米处的卵囊内越冬。4月下旬至5月中旬越冬卵孵化,5月中上旬为孵化盛期,夏蝻期约40天,6月中旬至7月上旬若虫羽化成虫,成虫的寿命为50～60天,7月上旬成虫产卵,8月中下旬秋蝗羽化,9月份成虫产卵越冬。

(5)飞蝗有群居型和散居型2种。群居型:前胸背板中线直平,蝗蝻2龄前在植物上部,2龄后喜群集于裸地或稀草地,开始有少数蝗蝻跳动,引起条件反射,向与太阳垂直的方向迁移,飞行路程达数百千米,高度可达1000米以上。夜晚常群集于植物上部。散居型:前胸背板中线呈弧状隆起。

图9-30 飞蝗产卵

图9-31 飞蝗为害状

第九章 玉米虫害防治技术

(6)飞蝗发育的适宜温度为 20~42℃。飞蝗多发生在水旱交替的低海拔地区。遇到干旱年份,低海拔荒地因水面缩小而增大,有利于蝗虫发育繁殖,容易酿成蝗灾。

4. 防治技术

飞蝗的防治坚持"预防为主、改治并举"的治蝗方针和"狠治夏蝗、控制秋蝗"的防治策略。

(1)改造蝗区 兴修水利,垦荒种植。

(2)生物防治 使用绿僵菌和微孢子虫进行生物防治。

(3)化学防治 在卵孵化出土盛期至 3 龄若虫前为防治适期,防治指标为夏蝗 0.3 头/米^2,秋蝗 0.45 头/米^2。

①药剂封锁:用弥雾机在田边喷 20 米宽的药带,保护农田。

②喷药灭蝗:用马拉硫磷、拟除虫菊酯类、西维因、氟虫脲药剂等喷雾灭蝗。

③毒饵灭蝗:用麦麸(米糠、玉米粉、高粱)100 份+清水 100 份+敌百虫 0.15 份制作毒饵,毒饵的使用量为 15~22.5 千克/公顷。

六、蓟 马

蓟马为黄淮海夏玉米区主要的苗期害虫之一。近年来,随着耕作制度的改变,黄淮海夏玉米区广泛采用免耕技术,在小麦收获后及时带茬播种玉米,使得原来在小麦和麦田杂草上为害的蓟马,在夏玉米出苗后,及时转移到幼苗上为害。这是近年来玉米田苗期蓟马严重发生的原因之一。特别是玉米播期的多样化,为蓟马发生提供了适宜的寄主条件,蓟马危害呈逐年加重趋势,以晚春玉米、套播玉米和早播夏玉米田受害较重。蓟马主要有玉米黄呆蓟马、禾蓟马和稻管蓟马等,均属于缨翅目。现以玉米黄呆蓟马为例介绍如下。

1. 分布与为害

蓟马主要分布在华北、新疆、甘肃、宁夏、江苏、四川等地区,其寄主为玉米、蚕豆、小麦等作物。一般夏玉米上蓟马虫株率为40%~50%,百株有蓟马2000~4000头。

2. 形态识别

(1)成虫 长翅型雌成虫体长一般为1.0~1.7毫米,暗黄色,胸、腹背(端部数节除外)有暗黑色区域。头、前胸背无长鬃。触角8节。通常具2对狭长的翅,翅缘有长缨毛。前翅淡黄色,缘缨长,具翅胸节明显宽于前胸。每8节腹背板后缘有完整的梳,腹端鬃较长且暗。半长翅型的前翅长达腹部第5节。短翅型的前翅短小,退化成三角形芽状,具翅胸几乎不宽于前胸。

图9-32 蓟马成虫

图9-33 蓟马若虫

(2)若虫 初孵若虫小如针尖,头、胸占身体的比例较大,触角较粗短。2龄后若虫为乳青色或乳黄色,有灰斑纹。触角末端数节灰色。体鬃很短,仅第9~10腹节鬃较长。第9腹节上有4根背鬃,略呈节瘤状。前蛹(3龄)的头、胸、腹为淡黄色,触角、翅芽及足为淡白色,复眼为红色。触角分节不明显,略呈鞘囊状,向前伸。体鬃短而尖,第8腹节的侧鬃较长。第9腹节背面有4根弯曲的齿。

(3)卵 卵长0.3毫米左右,宽0.13毫米左右,肾形,呈乳白色至乳黄色。

(4)蛹 蛹的触角鞘背于头上,向后伸至前胸。翅芽较长,接近羽化时带褐色。

3.为害规律

(1)蓟马每年发生 1~10 代。成虫在禾本科杂草根基部和枯叶内越冬,次年 5 月中下旬从禾本科植物迁到玉米上为害,在玉米上繁殖 2 代。第 1 代若虫于 5 月下旬至 6 月初发生在春玉米或麦类作物上,6 月中旬进入成虫盛发期,6 月中下旬为卵高峰期,6 月下旬为若虫盛发期,7 月上旬成虫发生在夏玉米上。蓟马的生殖方式为孤雌生殖。玉米蓟马在玉米苗期及心叶末期(大喇叭口期)发生量大;抽雄后,玉米蓟马的数量随即显著下降。

(2)干旱、麦糠覆盖的夏玉米田中黄呆蓟马发生重,在小麦植株矮小、稀疏地块中套种的玉米常受害重。降雨对蓟马的发生和为害有直接的抑制作用。一般来说,春玉米上蓟马发生的数量最多,中茬玉米次之,夏玉米最少。中茬套种玉米上的单株虫量虽较春玉米少,但受害较重,在缺少水肥条件下受害更重。

(3)蓟马通常以成虫、若虫在心叶反面为害,以其锉吸式口器刮破玉米表皮,口针插入组织内吸取汁液,并分泌毒素,抑制玉米生长发育。被害植株叶片上出现成片的银灰色斑,叶片点状失绿,致使玉米心叶上密布小白点及银白色条斑,严重时部分心叶叶片畸形破裂,造成心叶扭曲,呈"马尾巴"状,难以长出,严重影响玉米的正常生长,这与玉米粗缩病症状相似。大喇叭口期遇雨后心叶基部常易发生细菌性顶腐病。因此,玉米苗期是玉米蓟马为害最为敏感的时期,危害严重时,田间形成缺苗断垄,影响玉米产量。

(4)成虫有长翅型、半长翅型和短翅型之分。成虫行动迟钝,不活泼,阴雨时很少活动,受惊吓后亦不愿迁飞。成虫的取食处也是其产卵的场所。

(5)卵产在叶片组织内,卵背鼓出于叶面。

图 9-34　蓟马为害状(1)

图 9-35　蓟马为害状(2)

(6)初孵若虫为乳白色。蓟马以成虫和 1～2 龄若虫为害,若虫在取食后逐渐变为乳青色或乳黄色。3～4 龄若虫停止取食,掉落在松土内或隐藏于植株基部叶鞘、枯叶内。6 月中旬是成虫猖獗为害期,6 月下旬至 7 月初若虫数量增加。蓟马有转换寄主为害的习性。

图 9-36　蓟马为害状(3)

4. 防治技术

(1)**农业防治**　结合小麦中耕除草,冬季和春季尽量清除田间、地边的杂草,减少越冬虫口基数;加强田间管理,促进植株的生长势,改善田间生态条件,减轻虫害,对受害严重的幼苗拧断其顶端,可帮助心叶抽出,同时对邻近麦田的玉米田适时灌水施肥,加强管理,促进玉米苗早发快长。

(2)**化学防治**　在蓟马发生初期及时喷洒 40%乐斯本乳油 1000 倍液、25%奎硫磷乳油 500 倍液、20%丁硫克百威乳油 1000 倍液、10%吡虫啉可湿性粉剂 1500 倍液、1.8%爱福丁乳油 2000 倍液、

10％除尽乳油2000倍液、40％氧化乐果乳油1500倍液、25％辉丰快克乳油1500～2000倍液等杀虫剂，施药量为750千克/公顷，防效均在85％以上。在早晨或傍晚比较凉快的时间施药，最好选用直喷头把药液喷到玉米心叶里。向药液中添加含锌的叶面肥，可在防治黄呆蓟马的同时给玉米补充锌营养，促进玉米健壮生长，效果非常显著。

七、黏　虫

参见小麦害虫。

八、棉铃虫

参见棉花害虫。

第十章 油菜虫害防治技术

油菜的害虫种类较多,主要有蚜虫、茎象虫、小菜蛾、菜粉蝶、潜叶蝇及跳甲等,近年来蚜虫、小菜蛾和茎象甲的危害较重,严重影响油菜的产量和品质。

一、油菜蚜虫

蚜虫俗称"蜜虫"、"腻虫"、"油虫",属于半翅目。

1. 分布与为害

油菜蚜虫是为害油菜的主要虫害,主要有桃蚜、萝卜蚜和甘蓝蚜3种。萝卜蚜和桃蚜在全国都有发生,其中又以萝卜蚜数量最多。甘蓝蚜主要发生在北纬40°以北或海拔1000米以上的高原、高山地区。

蚜虫以刺吸式口器吸取油菜植株内的汁液,为害叶、茎、花、果,造成卷叶、死苗,植株的花序、角果萎缩,或全株枯死。在干旱年份,蚜虫的危害更为严重。蚜虫还是传播油菜病毒病的主要媒介,病毒病的发生与蚜虫密切相关。

2. 形态识别

①桃蚜的有翅胎生雌蚜体长约2毫米,头胸部为黑色,腹部为绿色、黄绿色、褐色或赤褐色,背面有黑斑纹。腹管细长,圆柱形,端部

黑色;尾片为圆锥形,两侧各有毛3根。无翅胎生雌蚜体长约2毫米,体色为绿色、黄绿色、枯黄色或赤褐色,并带光泽,无翅,具足3对、触角1对,腹管和尾片同有翅胎生雌蚜。

②萝卜蚜的有翅胎生雌蚜体长约1.6毫米,具翅2对、足3对、触角1对,体呈长椭圆形,头胸部黑色,腹部黄绿色,薄被蜡粉,两侧具黑斑,背部有黑色横纹,腹管淡黑色,圆筒形,尾片圆锥形,两侧各有长毛2~3根。无翅胎生雌蚜体长约1.8毫米,黄绿色,无翅,具足3对、触角1对。躯体薄被蜡粉,腹管淡黑色,圆筒形,尾片圆锥形,两侧各有长毛2~3根。

③甘蓝蚜的有翅胎生雌蚜体长约2毫米,具翅2对、足3对、触角1对,浅黄绿色,被蜡粉,背面有几条暗绿横纹,两侧各具5个黑点,腹管短黑,尾片圆锥形,两侧各有毛2根。无翅胎生雌蚜体长约2.5毫米,无翅,具有3对足、1对触角,虫体呈椭圆形,体色暗绿,薄被蜡粉,腹管短黑色,尾片圆锥形,两侧各有毛2根。

图10-1 油菜蚜虫为害状

3. 为害规律

油菜蚜虫1年发生10~40代,世代重叠,不易区分。油菜出苗后,有翅成蚜迁飞进入油菜田,无翅胎生蚜虫建立蚜群为害,当营养不足或环境不适时,有翅胎生蚜虫迁出油菜田。冬油菜区一般有2次为害期,一次在苗期,另一次在开花结果期。长江流域及其以南、以北地区的蚜虫危害主要发生在苗期。油菜蚜虫的发生和危害主要取决于气温和降雨,适宜温度为14~26℃,温度适宜、无雨或少雨、天气干燥的条件,极适宜于蚜虫繁殖、为害;如秋季和春季天气干旱,往往能引起蚜虫大发生;反之,若阴湿天气多,则蚜虫的繁殖受到抑制,产生的危害较轻。

4.防治技术

防治蚜虫的关键:第一,早治,在油菜出苗时就开始防治蚜虫;第二,连续治理蚜虫;第三,普治,即将其他十字花科作物同油菜一起防治。具体防治方法如下。

(1)农业防治　在油菜生育期间,及时清除田间及附近杂草,减少蚜虫食料,结合间苗进行定苗或移栽,除去有蚜株,防止有翅蚜的迁飞和繁殖为害;同时,注意抗旱和保持土壤湿润,抑制蚜虫繁殖。播种后用药土覆盖,移栽前喷施一次除虫剂。及时中耕培土,培育壮苗;合理密植,增加田间通风透光度。

(2)物理防治

①黄板诱蚜:在油菜苗期,在地边设置黄色板。方法是将0.33米^{2}的塑料薄膜涂成金黄色,再涂一层凡士林或机油,张架在高出地面0.5米处,可以大量诱杀有翅蚜。

②用银灰色、乳白色、黑色地膜覆盖地面一半左右,具有驱除蚜虫和预防病毒病的作用。

(3)生物防治　保护及人工饲养、释放蚜虫的天敌,如蚜茧蜂、草青蛉、食蚜蝇、瓢虫以及蚜霉菌等,可减少蚜害。

(4)化学防治　防治适期及指标:当苗期有蚜株率达10%、虫口密度为1~2头/株、抽薹开花期有蚜茎枝率达10%、每枝有蚜虫3~5头时,立即开始喷药,或在移栽前3天施药1次。

油菜蚜虫防治应抓住3个施药时期:第一个是苗期(3片真叶);第二个是本田的现蕾初期;第三个时期在油菜植株有一半以上抽薹高度达10毫米左右时。但这3个时期也要由蚜虫数量决定施药,尤其在结荚期,应注意蚜虫的发生,如果数量较大,仍要施药防治。

①可选用10%吡虫啉可湿粉剂3000倍液、1.8%阿维·高氯乳油或1.1%毒功1000~2000倍液、37%高氯·马拉硫磷1000~2000

倍液、40％乐果乳油1500倍液、20％氧化乐果乳油1000～2000倍液或2.5％敌杀死乳剂3000倍液喷雾，施药量为750千克/公顷。及早把蚜虫消灭在点片发生的阶段。

②种子处理。用20％灭蚜松可湿性粉剂1千克拌种100千克，或用甲基硫环磷、杀虫磷、呋喃丹拌种，可防治苗期蚜虫。

二、油菜潜叶蝇

油菜潜叶蝇属于双翅目、潜蝇科。

1. 分布与为害

除西藏外，全国都有油菜潜叶蝇发生。油菜潜叶蝇可为害十字花科油菜、白菜、萝卜以及豌豆、蚕豆、莴苣、番茄、土豆等22个科的130种植物。近年来，油菜潜叶蝇在安徽省的发生次数有明显上升趋势，尤其在春后3月中下旬至4月中下旬，油菜中下部叶片受害较重，对油菜的产量和质量均有较大影响。

2. 形态识别

(1)成虫　成虫体长2～2.5毫米，翅展5～7毫米，头部为黄褐色，体表为灰色。触角为黑色，共3节。胸腹部为灰黑色，胸部隆起，背部有4对粗大背鬃，小盾片呈三角形。足为黑色，翅为半透明，有紫色反光。

图10-2　油菜潜叶蝇成虫

图10-3　油菜潜叶蝇幼虫

(2)幼虫 幼虫呈蛆状,低龄幼虫为乳白色,高龄幼虫为黄白色。幼虫头小,口钩为黑色。

(3)蛹 蛹为黄色至黑褐色,长扁椭圆形。

(4)卵 卵为长椭圆形,灰白色,长约 0.3 毫米。

3.为害规律

(1)寄主范围广,食性很杂。成虫取食叶片,形成刻点。

(2)油菜潜叶蝇在安徽省一年至少发生 5 代,以蛹在受害田中越冬。长江中下游油菜产区有 2 个为害高峰期:一是 3 月中上旬(成虫为害)和 3 月中下旬(幼虫为害);二是 4 月中下旬(成虫为害)和 4 月底至 5 月初(幼虫为害)。

(3)幼虫在叶片上下表皮间潜食叶肉,形成黄白色或白色弯曲虫道,严重时虫道连通,大部分叶肉被食光,叶片枯黄早落。

(4)生活习性。成虫多在晴朗的白天活动,主要吸食花蜜或茎叶汁液;在夜晚及风雨日则栖息于植株或其他隐蔽处,但多在傍晚时分出来交尾、产卵。卵散产于嫩叶叶背边缘或叶尖附近组织中,产卵处略高。产卵时用产卵器刺破叶片表皮,在被刺破小孔内产卵 1 粒。单雌产卵量为 45~98 粒。卵期在夏季为 4~5 天,在春季和秋季为 9 天左右。卵孵化后幼虫即潜入叶片组织取食叶肉,形成虫道,在虫道末端化蛹,化蛹时咬破虫道表皮与外界相通。幼虫共 3 龄,幼虫期为 5~14 天,在初夏为 10 天左右。老熟后幼虫将前气门伸到叶片的表皮外,在叶肉内化蛹,蛹期为 5~6 天。

图 10-4 油菜潜叶蝇为害状(1)

图 10-5 油菜潜叶蝇为害状(2)

第十章 油菜虫害防治技术

(5)在一年中,春季,油菜潜叶蝇的危害随温度上升而逐渐加重,至夏初达到为害高峰期。入夏后,潜叶蝇的数量骤减,到秋季,数量又有所增加,但危害远较春季轻。当气温超过35℃时,则潜叶蝇无法成活。

4.防治技术

(1)农业防治

①摘除带虫叶片,早春时及时清除杂草,摘除底层老黄叶,减少虫源数量。

②灌水灭蛹,在化蛹高峰期适时灌水,能起到灭蛹作用。

(2)用毒糖液诱杀成虫 用甘薯、胡萝卜煮汁(或30％糖液),加0.05％敌百虫,每10米^{2}油菜地喷10~20株油菜,隔3~5天喷1次,共喷4~5次,诱杀成虫。

(3)化学防治 在成虫盛发期和幼虫初潜期各喷药防治1次,间隔7~10天。用0.9％阿维菌素乳油3000倍液、20％杀蛉脲悬浮剂8000倍、25％灭幼脲3号悬浮剂1500倍、20％氰戊菊酯乳油3000倍液等菊酯类农药,或用40％乐果乳油1000倍液、50％敌敌畏乳油800倍液或48％乐斯本乳油1000倍液等有机磷药剂进行喷雾防治,施药量为750千克/公顷。

三、菜粉蝶

菜粉蝶属于鳞翅目、粉蝶科,其幼虫为菜青虫。

1.分布与为害

菜粉蝶在全国各地均有分布,以幼虫取食寄主叶片,咬出孔洞,形成缺刻,在春秋两季为害最重。菜粉蝶偏嗜厚叶片的球茎甘蓝和结球甘蓝,但在缺乏十字花科植物时,也可为害其他植物。

2. 形态识别

(1)成虫 成虫体长 12～20 毫米，翅展 45～55 毫米，体表为灰褐色。前翅为白色，近基部为灰黑色，顶角有近三角形黑斑，雌蝶前翅有 2 个显著的黑色圆斑，雄虫仅有 1 个显著的黑色圆斑。后翅为白色，前缘有 2 个黑斑。

(2)卵 卵呈瓶状，初产时为淡黄色。

图 10-6　菜粉蝶成虫

图 10-7　菜粉蝶卵

(3)幼虫 幼虫共 5 龄。体表为青绿色，腹面为淡绿色，体表密布褐色瘤状小突起，其上生细毛，背中线为黄色，沿气门线有 1 列黄斑。

图 10-8　菜粉蝶幼虫

图 10-9　菜粉蝶蛹

(4)蛹 蛹为纺锤形，黄绿色或棕褐色，体背有 3 个角状突起，头部前端中央有 1 个短而直的管状突起。

3. 为害规律

(1)幼虫在油菜苗期的危害最为严重,主要为害油菜等十字花科植物的叶片,造成缺刻和孔洞,严重时吃光全叶,仅剩叶脉和叶柄,导致植株枯死。

(2)菜粉蝶1年发生3~9代,以蛹在枯叶、墙壁、树缝及其他物体上越冬。次年3月中下旬出现成虫。成虫夜晚栖息在植株上,白天活动,在晴天无风的中午最活跃。成虫产卵时对含有芥子油的甘蓝型油菜有很强的趋性,卵散产于叶背面。幼龄幼虫受惊后有吐丝下垂的习性,大龄幼虫受惊后有卷曲落地的习性。4~6月份和8~9月份为幼虫发生盛期。

(3)菜青虫发育的适宜温度为20~25℃,相对湿度76%左右。

4. 防治技术

菜粉蝶的防治要掌握"治早、治小"的原则,将幼虫消灭在1龄之前。

(1)农业防治

①及时清除田园杂草,灭蛹、捕蝶,及时处理枯枝落叶,减少化蛹、产卵场所,减少残留的幼虫、蛹和下一代虫源基数。

②合理布局,尽量避免十字花科蔬菜连作。夏季停种过渡寄主可减轻为害。在成虫产卵始盛期,用1%~3%过磷酸钙溶液喷于菜粉蝶喜欢产卵的叶片上,可使菜株上的着卵量减少50%~70%,并且有叶面施肥效果。

③用糖、酒、醋、药诱杀成虫。

(2)生物防治 保护天敌,在寄生蜂盛发期间,尽量减少使用化学农药。也可在11月中下旬释放蝶蛹金小蜂,提高当年的寄生率,控制早春菜青虫发生。

(3)药剂防治

①在3龄幼虫盛发期前,用Bt乳剂或青虫菌6号液剂(每克含芽孢100亿个)800～1000倍液均匀喷雾。施药时要根据预报提前2～5天喷药,并且要避开强光照、低温、暴雨等不良天气。

②在2龄幼虫高峰期前喷洒20%灭幼脲1号或25%灭幼脲3号胶悬剂500～1000倍液。此外,还可以选用0.2%高渗阿维菌素可湿性粉剂3000～3500倍液、1.8%阿维菌素500倍液、50%敌敌畏乳油1000倍、90%晶体敌百虫1000～1500倍液、50%马拉硫磷乳油500～600倍液、2.5%敌杀死乳油3000～4000倍液、20%速灭杀丁乳油4000倍液、40%菊马乳油2000～3000倍液、5%抑太保乳油4000倍液、5%卡死克乳油4000倍液或50%辛硫磷乳油1000倍液等均匀喷雾,施药量为750千克/公顷。

四、小菜蛾

小菜蛾属于鳞翅目、菜蛾科,别名"菜蛾"、"吊丝虫"、"两头尖"。

1. 分布与为害

小菜蛾在我国各省都有发生,在南方各省发生较多,为十字花科蔬菜的主要害虫。

小菜蛾的寄主以十字花科植物为主,其中以甘蓝、花椰菜、球茎甘蓝、白菜、萝卜、油菜受害最重。小菜蛾也可为害番茄、生姜、马铃薯、洋葱、紫罗兰、桂竹香等观赏植物以及板蓝根等药用植物。

2. 形态识别

(1)成虫　成虫体长约6毫米,头部为黄白色,胸腹部为灰褐色。复眼呈球形,黑色,触角丝状,褐色有白纹。前翅狭长,密布暗褐色小点,后缘从翅基到外缘的翅中央有三度曲折的黄白色波纹,静止时两翅折叠成屋脊状,黄白色部分合并成3个串联的斜方块。前翅缘毛翘起如鸡尾。雄蛾前翅为暗灰色,前缘稍淡,三度曲折为黄褐色波状带,腹部末节呈管状,不分裂。后翅狭长,缘毛很长。

图 10-10 小菜蛾成虫

图 10-11 小菜蛾幼虫

(2)幼虫 幼虫共 4 龄。老熟幼虫头部为黄褐色,胸腹部为绿色。腹部第 4~5 节膨大,两头尖细,近纺锤形。体节明显,前胸背板上有淡褐色小点,排列成 2 个"U"字形花纹,腹足及尾足均细长,尾足向后伸长,超过腹末。腹足趾钩单序缺环形。

(3)卵 卵为椭圆形,扁平,淡黄绿色,表面光滑,具闪光。

图 10-12 小菜蛾卵

图 10-13 小菜蛾蛹

(4)蛹 蛹初为淡绿色,渐呈淡黄绿色,最后变成灰褐色。翅芽达第 5 腹节后缘。无臀棘,肛门附近有钩刺 3 对,腹末有小钩 4 对。茧呈纺锤形,薄如网,灰白色,可见蛹体。蛹多附着在叶片上。

3. 为害规律

(1)小菜蛾 1 年发生 5~6 代,在北方以蛹越冬,在长江流域以南无越冬现象,可以终年繁殖。

(2)小菜蛾对温度的适应范围广,在 0~35℃ 范围内都能存活,适宜温度为20~30℃。小菜蛾的耐低温能力较强。幼虫在-1.4℃条件下可照常取食,在0℃条件下可以忍耐42天。因此,春、秋两季的气温对小菜蛾的存活最适合,因此形成2个为害高峰,其中春季重于秋季。小菜蛾在苗期常集中为害心叶,也为害留种株的嫩茎。

(3)小菜蛾主要以幼虫为害叶片,初孵幼虫潜入叶肉取食;2龄幼虫取食叶片下表皮及叶肉,残留上表皮呈透明小斑点,俗称"开天窗"。老熟幼虫(3~4龄幼虫)可将叶片咬成空洞和缺刻,严重时叶片被吃成网状,仅留下叶脉。幼虫很活跃,遇惊扰即迅速扭动倒退或吐丝下坠,稍待静止片刻又沿丝返回叶片上继续取食。幼虫老熟后,在叶脉附近或落叶上结茧化蛹。

图10-14 小菜蛾为害状

(4)成虫昼伏夜出,受惊扰时,在株间短距离飞行。成虫有趋光性,19~23时为上灯高峰时间,但灯诱效果不够理想。成虫的飞行能力不强,但能随风作远距离迁飞。成虫的寿命和产卵期都很长,世代重叠严重。

(5)小菜蛾羽化当天即可交配,一生可多次交配,在适温下羽化当天即产卵,一般产卵1~2天,羽化后的5天内的产卵量占一生产卵量的70%以上,产卵期为10天左右。卵散产,部分产卵成块,一般5~11粒卵聚集在一起。卵大多数产在叶背近叶脉的凹陷处,少数产在叶片正面和叶柄上。成虫的寿命和产卵量与温度和蜜源植物密切相关。雌虫一般产卵200粒左右,最多可达500多粒。

(6)成虫和幼虫对食料有不同要求。成虫喜食含芥子油多的蔬菜,如萝卜、芥菜等。幼虫偏嗜叶片较厚的芥蓝、甘蓝类蔬菜,但对完成发育所需的营养要求不高,取食落叶、老叶、黄叶、残株甚至茎和叶柄都能完成发育。

4. 防治技术

(1)农业防治 要合理安排茬口,将十字花科蔬菜与其他蔬菜轮流种植,尽量避免油菜周年连作;将十字花科蔬菜与豆科、茄科等非十字花科蔬菜间隔种植;覆盖遮阳网,培养壮苗;蔬菜收获后及时清除残株、落叶和杂草,立即耕翻田块。

(2)物理防治 在成虫发生盛期,安装黑光灯 15 只/公顷,用于诱杀成虫。

(3)生物防治 用 Bt 乳剂、杀螟杆菌或青虫菌 6 号 500~700 倍液喷药。使用顺-11-十六碳烯乙酸酯或顺-11-十六碳烯乙酸醛等雌性外激素诱杀雄蛾,设置小菜蛾性诱盆 120~150 个/公顷。当小菜蛾对 Bt 乳剂产生抗性时,提倡 Bt 乳剂与化学农药轮用或混用,也可人工饲养并释放菜蛾天敌小菜蛾绒茧蜂。

(4)药剂防治 幼虫初期(1 龄和 2 龄之间)为防治适期。应合理用药,轮换用药,避免产生抗性。常用 5% 氟虫腈悬浮剂 2000 倍液或 10% 虫螨腈悬浮剂 2000 倍液、20% 溴灭菊酯乳油 3000 倍液、1% 力虫晶乳油 2000 倍液等喷雾,施药量为 750 千克/公顷。还可用丁醚脲、甲维盐、阿维菌素、氟铃脲、绿宝、菜蛾敌、超霸、威霸、印楝素等药剂。

五、黄曲条跳甲

黄曲条跳甲又名"黄条跳甲",属于鞘翅目、叶甲科,俗称"狗蚤虫"、"跳蚤虫"。除黄曲条跳甲外,常见的黄跳甲还有黄直条跳甲、黄宽条跳甲、黄狭条跳甲。

1. 分布与为害

我国除新疆、西藏、青海外,黄曲条跳甲在各省区都有分布,且虫口密度都很高。其寄主有8科19种。黄曲条跳甲偏嗜十字花科蔬菜,包括白菜、萝卜、芥菜、油菜、甘蓝、芥蓝、花菜以及茄科、豆科、葫芦科作物。

2. 形态识别

(1)成虫 成虫为黑色,有光泽,体长1.8~2.4毫米。每鞘翅上有1条弯曲的黄色纵条纹,条纹外侧凹曲很深。鞘翅上散布许多小刻点。头、前胸背板、触角基部为黑色。后足腿节膨大,善于跳跃。

(2)幼虫 幼虫共3龄。老熟幼虫长约4毫米,长圆筒形,白色或黄白色,各节具不显著肉瘤,生有细毛。

图10-15 黄曲条跳甲成虫

图10-16 黄曲条跳甲幼虫

(3)卵 卵呈椭圆形,长约0.3毫米,白色或淡黄色,半透明。

(4)蛹 蛹长约2毫米,椭圆形,乳白色,腹部有1对叉状突起。

图10-17 黄曲条跳甲卵

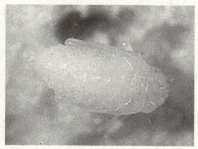

图10-18 黄曲条跳甲蛹

3. 为害规律

(1)黄曲条跳甲1年发生4~7代。在长江流域以成虫匍匐于地面的菜叶下面或残枝落叶、杂草中越冬。在春、秋季节为害严重。成虫的寿命很长,平均为50天,最长可达1年,且有世代重叠。

(2)幼虫生活在土中,专门为害寄主植物的根部表皮,使其表面形成许多不规则的条状疤痕。幼虫也可咬断须根,严重时使植株叶丛发黄、萎蔫枯死,且可传播油菜细菌性软腐病。

(3)幼虫共3龄。幼虫在土内栖息的深度与作物根系分布有关。幼虫无转株为害习性。

(4)成虫为害嫩叶,常数十头成群在一张叶片上为害,尤其在叶背上聚集较多,被害叶片布满稠密的椭圆形孔洞。成虫取食为害叶片,造成孔洞和缺刻。成虫喜欢取食叶片的幼嫩部位,所以幼苗期受害最重,刚出土幼苗受害后可成片枯死。成虫也为害花蕾、嫩荚,常造成毁苗现象。

(5)成虫活泼,善于跳跃,高温时能飞翔。早晚或阴天躲藏于叶背或土块下,中午前后活动最盛。成虫有较强的趋光性,对黑光灯特别敏感。成虫有较强的趋黄光性。常集中于幼嫩的心叶为害,有趋嫩性。

(6)产卵期较长,可达30~45天。产卵时间多为晴天中午前后,且卵散产于植株周围3厘米左右的湿润土壤中或细根上,一般单雌产卵100~150粒,越冬代单雌产卵可达620粒。

4. 防治技术

(1)农业防治 一是清除菜地残株落叶,铲除杂草,消灭黄曲条跳甲的越冬场所和食料基地,减少田间虫源。二是播前深耕晒土,创造不利于幼虫生活的环境,并消灭部分蛹。三是尽量避免十字花科蔬菜连作,中断害虫的食物供给链,可减轻为害。

(2)物理防治

①利用成虫具有趋光性及对黑光灯敏感的特点,使用黑光灯诱杀成虫,具有一定的防治效果。

②利用黄曲条跳甲喜欢黄色的习性诱集成虫,在田间间隔性地放置黏性黄板或黄盘。

(3)化学防治

①土壤处理:在耕翻播种时,每亩均匀撒施5%辛硫磷颗粒剂2～3千克,可杀死幼虫和蛹,药效期在20天以上。

②药剂拌种:播种前用5%锐劲特种衣剂拌油菜种,按比例(锐劲特∶种子=1∶10)搅拌均匀,晾干后即可播种。

③幼虫的防治:菜苗出土后立即进行调查,在幼龄期及时用药剂灌根或撒施颗粒剂,可选用的药剂有5%锐劲特、48%毒死蜱乳油、90%敌百虫、5%辛硫磷颗粒剂等。

④成虫的防治:成虫防治可选用的化学药剂有:Bt乳剂1500克/公顷、灭幼脲3号500～1000倍液、48%毒死蜱乳油1000倍液、10%吡虫啉3000倍液、2.5%溴氰菊酯乳油3000倍液、10%氯氰菊酯乳油2000～3000倍液、5%农梦特3000倍液或50%马拉硫磷1000倍液等,施药量为750千克/公顷。进行统防统治,隔7～10天再喷1次。上述药剂可任选1种或交替使用。喷药时应从田边往田内围喷,以防成虫逃逸。

六、菜　蝽

菜蝽属于半翅目、蝽科,又称"斑菜蝽"、"花菜蝽"、"姬菜蝽"等。

1.分布与为害

菜蝽在全国各地均有分布,主要为害甘蓝、花椰菜、白菜、萝卜、油菜、芥菜等十字花科蔬菜。

2. 形态识别

(1) 成虫 成虫为椭圆形,体长 6～9 毫米,体色为橙红色或橙黄色,有黑色斑纹。头部黑色,侧缘上卷,为橙色或橙红色。前胸背板上有 6 个大黑斑,略成 2 排,前排 2 个,后排 4 个。小盾片基部有 1 个三角形大黑斑,近端部两侧各有 1 个较小的黑斑,小盾片的橙红色部分成 Y 形,交会处缢缩。翅革片具橙黄色或橙红色曲纹,在翅外缘形成 2 个黑斑;膜片为黑色,具白边。足部为黄黑相间。腹部的腹面为黄白色,具 4 条纵列黑斑。

(2) 若虫 若虫无翅,外形与成虫相似,虫体与翅芽均有黑色和橙红色斑纹。

图 10-19 菜蝽成虫

图 10-20 菜蝽若虫

(3) 卵 卵呈鼓形,初为白色,后变成灰白色,孵化前为灰黑色。

图 10-21 菜蝽卵

3. 为害规律

(1) 菜蝽在长江中下游地区 1 年发生 2～3 代,以成虫在枯枝落叶下、树皮内、石块下、土缝或枯草中越冬。菜蝽在 4 月中下旬进入发生始盛期,10 月下旬至 11 月中旬进入越冬期,全年以 5～9 月份为主要为害期。越冬代成虫的寿命接近 300 天。成虫一生中多次交配,多次产卵。雌虫产卵于叶背,卵单层成块整齐排列,每雌产卵 100~300 粒。

(2)菜蝽以成虫、若虫刺吸植物汁液,尤喜刺吸嫩芽、嫩茎、嫩叶、花蕾和幼荚。其唾液对植物组织有破坏作用,并阻碍糖类代谢和同化作用的正常进行,被刺处留下黄白色至微黑色斑点,幼嫩器官受害最重。幼苗子叶期受害后萎蔫甚至枯死;花期受害则造成花蕾枯萎脱落,不能结荚或籽粒不饱满。此外,菜蝽还可传播软腐病。

(3)菜蝽的成虫喜光、趋嫩,多栖息在植株顶端嫩叶或顶尖上,成虫在中午比较活跃,善飞,早晚不太活动,一般在早晨露水未干时,多集中于植株上部交配。成虫有假死性,受惊后缩足坠地,有时也振翅飞离。

(4)若虫共 5 龄。初孵若虫群集,随着龄期增大而逐渐分散,大龄若虫的适应性和耐饥饿力较强。

4. 防治技术

(1)农业防治　及时冬耕和清理菜地,以消灭部分越冬成虫;在田间发现卵块后应人工及时摘除。

(2)药剂防治　在若虫 3 龄前,使用 21% 灭杀毙乳油 1500 倍液、2.5% 保得乳油 3000 倍液、50% 辛氰乳油 3000 倍液、20% 增效氯氰乳油 3000 倍液、2.5% 功夫菊酯乳油 3000 倍液或 10% 高效氯氰菊酯乳油 3000 倍液喷雾防治,施药量为 750 千克/公顷。

第十一章
水稻草害防治技术

水稻田杂草与水稻争地、争肥、争光、争水,严重影响水稻的产量和品质。水稻每年因草害一般要损失10%左右,严重时损失超过50%。杂草还可诱发病虫害。

一、水稻田主要杂草种类和形态识别

1. 水稻田主要杂草种类

水稻田中常有大量杂草发生,杂草种类很多,有200多种,其中发生普遍、危害严重的杂草约有40种。尤以稗草发生与为害面积最大,多达1400万公顷,约占稻田总面积的43%。稗草不仅发生与为害面积最大,而且造成稻谷减产也最显著。异型莎草、牛毛毡、水莎草、扁秆藨草、碎米莎草、眼子菜、鸭舌草、节节菜、水苋菜、千金子、双穗雀稗、野慈姑、空莲子草、鲤肠、陌上菜、刚毛荸荠、萤蔺和浮萍等的发生与为害面积也较大。

2. 水稻田主要杂草的形态识别要点

(1)**稗草** 稗草别名"芒早稗"、"水稗草",为禾本科一年生草本植物,主要为害水稻、小麦、玉米、大豆、蔬菜、果树等农作物。长江流域的稗草在5月中上旬出现一个发生高峰,在9月份出现第二个发生高峰。稗草的秆丛生,基部膝曲或直立,株高 50～130 厘米。叶片条形,无毛;叶鞘光滑无叶舌。总状花序常有分枝,斜向上或贴生;小穗有 2 个卵圆形的花,长约 3 毫米,具硬疣毛,密集在穗轴的一侧;颖果为米黄色,卵形,靠种子繁殖。种子呈卵状,椭圆形,黄褐色。

图 11-1 稗 草

图 11-2 稗草穗

(2)**异型莎草** 异型莎草属于莎草目、莎草科一年生草本植物。秆丛生,高 2～65 厘米,扁三棱形。叶线形,短于秆,宽 2～6 毫米;叶鞘褐色;苞片 2～3 个,叶状,长于花序。长侧枝聚伞花序简单;辐射枝有 3～9 个,长短不等;头状花序为球形,具极多数小穗,直径 5～15 毫米;小穗为披针形或线形,长 2～8 毫米,具花 2～28 朵。小坚果呈倒卵状,椭圆形或三棱形,淡黄色。花果期为 7～10 月份。

图 11-3 异型莎草

(3)**牛毛毡** 牛毛毡是多年生双子叶小草本植物,幼苗为细针状,具白色纤细匍匐茎,长约 10 厘米,节上生须根和枝。地上茎直立,秆密丛生,细如牛毛。株高 2～12 厘米,绿色,叶退化,在茎基部 2～3 厘米处具叶鞘。茎顶生一穗状花序,狭卵

11-4 牛毛毡

形至线状或椭圆形略扁,浅褐色,花数朵。花柱头 3 裂,雄蕊 3 枚,雌蕊 1 枚。小坚果为狭矩圆形,无棱,表生隆起网纹。靠根茎和种子繁殖。牛毛毡在长江流域于 4 月中下旬始发,靠根茎蔓延极快,在 8~10 月份开花结果,11 月下旬地上部枯死。

(4)水莎草 水莎草为莎草科、蔗草属多年生草本植物,高 35~100 厘米。根状茎长,横走。秆粗壮,扁三棱形,光滑。叶片少,线形,短于或有时长于秆,宽 3~10 毫米,先端狭尖,基部折合,全缘,上面平展,下面中肋呈龙骨状突起。叶状苞片 3 片,最宽处 8 毫米;复出长侧枝聚伞花序有 4~7

图 11-5　水莎草

个第一次辐射枝,辐射枝向外展开,长短不等,每一辐射枝上有 1~3 个穗状花序,每一穗状花序又有 5~17 个小穗,花序轴疏被短硬毛;小穗排列疏松,近平展,披针形或线状披针形,有花 10~30 多朵,小穗轴有白色透明翅;小坚果呈椭圆形或倒卵形,平凸状,长约 2 毫米,棕色,稍有光泽,有小点状突起。花期为 7~8 月份,果期为 10~11 月份。

(5)扁秆蔗草 扁秆蔗草为多年生草本植物,高 60~100 厘米。具匍匐根茎和块茎。秆较细,三棱柱形,平滑,基部膨大。叶基生或秆生;叶片线形,扁平,宽 2~5 毫米,基部具长叶鞘。叶状苞片 1~3 片,长于花序,边缘粗糙。聚伞花序头状;小穗呈卵形或长圆卵形,褐锈色,具多数花;鳞片

图 11-6　扁秆蔗草

为长圆形,长 6~8 毫米,膜质,褐色或深褐色,疏被柔毛,有 1 条脉,先端有撕裂状缺刻,具芒;下位刚毛 4~6 条,有倒刺;雄蕊 3 枚;花柱

长,柱头2个。小坚果呈倒卵形或宽倒卵形,扁状,两面稍凹或稍凸。花期为5~6月份,果期为6~7月份。

(6)**碎米莎草** 碎米莎草为莎草科、莎草属一年生草本植物。成株秆丛生,高8~85厘米,呈扁三棱形。叶片为长线形,短于秆,宽3~5毫米,叶鞘红棕色。叶状苞片3~5枚;长侧枝聚伞花序复出,辐射枝4~9枚,长达12厘米,每一辐射枝具5~10个穗状花序,具小穗5~22个;小穗排列疏松,长圆形至线状披针形,压扁,具花6~22朵,鳞片排列疏松,膜质,宽倒卵形,先端微缺,具短尖;雄蕊3枚,花柱短。小坚果呈倒卵形或椭圆形、三棱形,褐色。花果期为6~10月份。幼苗第1片真叶为带状披针形,横剖面呈"U"字形,纵脉间具横脉,构成方格状网脉,叶片与叶鞘间界限不明显。

图11-7 碎米莎草

(7)**眼子菜** 眼子菜为多年生水生草本植物。幼苗子叶呈针状,下胚轴不甚发达,初生叶为带状披针形,先端急尖或锐尖,全缘,后生叶叶片有3条明显叶脉。成株有匍匐的根状茎,茎细长;浮水叶互生,长圆形或宽椭圆形,略带革质,先端急尖或锐而具突尖,全缘,有平行的侧脉7~9对;叶柄细长,托叶膜质透明,披针形,抱茎;沉水叶互生,叶片线状,长圆形或线状椭圆形,有长柄。花和子实花序生于枝梢叶腋,基部有长圆状披针形的佛焰苞;穗状花序为圆柱形,花密集。小坚果呈倒卵形,略偏斜,背部具3条脊棱,中间的1条具翅状突起,果顶有短喙。

图11-8 眼子菜

(8)**鸭舌草** 鸭舌草属于泽泻科一年生水生草本植物,又名"水锦葵"。根状茎极短,具柔软须根。茎直立或斜向上,高12~35厘米。全株光滑无毛,叶基生或茎生,叶片形状和大小变化较大,有心状宽卵形、长卵形和披针形,长2～7厘米,顶端短突尖或渐尖,基部圆形或浅心形,全缘,具弧状脉。叶柄长10～20厘米,基部扩大成开裂的鞘。总状花序从叶柄中部抽出,该处叶柄扩大成鞘状。花序梗短,长1.0～1.5厘米,基部有1片披针形苞片。花序在

图11-9 鸭舌草

花期直立,在果期下弯,花通常有3～5朵,蓝色。花被片卵状,披针形或长圆形;花丝丝状。蒴果为卵形至长圆形。种子为椭圆形,灰褐色,具8～12条纵条纹。花期为8～9月份,果期为9～10月份。

(9)节节菜 节节菜为千屈菜科一年生草本植物,高6～15厘米。茎披散或近直立,呈不明显的四棱形,光滑,有时下部伏地生根。叶对生,无柄或近无柄;叶片呈倒卵形或椭圆形,长6～12毫米,全缘,背脉凸起。花序生于叶腋内,有数朵花;苞片叶状,长

图11-10 节节菜

4～5毫米,小苞片2片,狭披针形;花萼钟状;花瓣4片,极小,淡红色。蒴果为椭圆形,具横条纹。种子呈狭长卵形或棒状。靠匍匐茎和种子繁殖。

(10)水苋菜 水苋菜为一年生草本植物,无毛,高10～45厘米。茎直立,分枝,具四棱,略带淡紫色。叶交互对生或对生,披针形、倒披针形或倒卵状长圆形,茎叶长2～8厘米,侧枝上叶更小,顶端渐尖,基部渐狭成短柄或近无柄,中脉腹面平坦,背面略突出,侧脉不明显。花极小,绿色或淡红色,无

图11-11 水苋菜

花瓣,于叶腋内排成密集小聚伞花序或花束,具短梗;萼在花蕾期为钟形,长约1毫米,顶端平面为四方形;雄蕊4枚,比花萼稍短;子房球形,花柱短,长约为子房的一半。蒴果球形,紫红色,中部以上不规律盖裂;种子极小,近三角形。花期为12月份至翌年2月份。

(11)千金子 千金子为一年生草本植物,高30~90厘米。秆丛生,上部直立,基部膝曲,具3~6节,光滑无毛。叶鞘大多短于节间,无毛;叶舌膜质,多撕裂,具小纤毛;叶片条状披针形,无毛,常卷折。花序圆锥状,分枝长,由多数穗形总状花序组成;小穗含3~7只花,成2行着生于穗轴的一侧,常带紫色;颖具1脉,第二颖稍短于第一外稃;外稃具3脉,无毛或下部被微毛。颖果长圆形。幼苗为淡绿色,7~8叶时出现分蘖、匍匐茎及不定根。

图11-12 千金子

(12)双穗雀稗 双穗雀稗属于禾本科多年生杂草,别名"红拌根草"、"过江龙",匍匐茎实心,长可达1米,直径2~4毫米,常具30~40节,每节有1~3个芽,节节都能生根,每个芽都可以长成新枝,繁殖能力极强,蔓延甚速。4月初匍匐茎芽萌发,6~8月份生长最快,并产生大量分枝,花枝高20~60厘米,较粗壮而斜生,节上被毛。叶片条状,披针形,长3~15厘米,叶面略粗糙,背面光滑具脊,叶片基部和叶鞘上部边缘具纤毛,叶舌膜质。总状花序2枚,指状排列于秆顶。小穗为椭圆形,成2行排列于穗轴的一侧。

图11-13 双穗雀稗

(13)野慈姑 野慈姑高50~100厘米。根状茎横生,较粗壮,顶端膨大成球茎,长2~4厘米,直径约1厘米,土黄色。基生叶簇生,叶形变化极大,多数为狭箭形,通常顶裂片短于侧裂片,顶裂片与侧裂片之间缢缩；叶柄粗壮，长 20～40 厘米，基部扩大成鞘状，边缘膜质。7～10 月份开花，花梗直立、粗壮，高 20～70 厘米，总状花序或圆锥形花序，花白色。10～11 月份结果，同时形成地下球茎。

(14) **水花生** 水花生又名"革命草"、"空心莲子草"、"喜旱莲子草"。节间长，有时可长达 19 厘米。从茎节上形成须根，无根毛；基部匍匐蔓生于水中，端部直立于水面，具不明显 4 棱，长 55～120 厘米，节腋处疏生细柔毛；茎为圆桶形，多分枝，光滑中空，只具初生构造，髓腔较大，细胞密度小，细胞内未见草酸钙晶体形成。叶对生，有短柄，叶片为长椭圆形至倒卵状披针形，叶面光滑，无绒毛，叶片边缘无缺刻。叶柄无毛或微有柔毛。

图 11-14 野慈姑

图 11-15 水花生

(15) **鲤肠** 鲤肠属于菊科一年生草本植物，别名"旱莲草"、"墨草"、"莲子草"，靠种子繁殖。瘦果楔形，扁状。顶端截平，边缘疏生短毛，中央具不明显的残存花柱，圆形，微突起，无冠毛。果体具 3～4 棱，边缘延伸成窄翅，各棱间均有明显的疣状突起或颗粒状粗糙面，果皮为浅褐色、灰褐色或黑褐色，表面乌暗，无光泽。果脐圆形，微凹，位于果实基端。果内含种子 1 粒。种子于 5 月份萌发，6～7 月份为出苗高峰期。幼苗除子叶外，全体有毛；上、下胚轴较发达，淡褐色或带紫色；子叶 2 片，椭圆形，基部渐狭至柄，柄短；茎直立或平卧，高 20～60 厘米，基部分枝绿色或红褐色，被伏毛，着土后节易生根。根深茎脆，不易拔除，茎叶折

图 11-16 鲤 肠

断后有墨水状汁液外流,故又名"墨草"。种子于 8 月份渐次成熟,经越冬休眠后萌发。

(16)陌上菜 陌上菜属于玄参科母草属一年生草本植物。幼苗子叶为卵状披针形,先端渐尖,叶基楔形,有 1 条明显中脉,有短柄。下胚轴及上胚轴均不发达。初生叶对生,单叶,卵形,先端锐尖,全缘,中脉 1 条,有叶柄。后生叶为椭圆形,

图 11-17 陌上菜

先端尖,叶缘微波状。成株直立无毛,根细密成丛,茎方,基部分支,高 5~20 厘米,无毛。叶无柄,叶片为椭圆形至长圆形,顶端钝至圆头,全缘或有不明显的钝齿,两面无毛,自叶基发出 3~5 条并行脉。花和子实花单生叶腋,花梗纤细,比叶长,无毛。萼仅基部合着。花冠为粉红色或紫色,向上渐扩大,上唇短,直立,下唇大于上唇,较开展。蒴果为卵圆形,初时绿色,先端尖,种子极多,有格纹。

(17)刚毛荸荠 刚毛荸荠属于莎草科多年生草本植物,有匍匐根状茎。单生或丛生,圆柱状,有少数锐肋条。叶缘缺刻,在秆的基部有 1~2 个长叶鞘,鞘膜质,鞘的下部为紫红色。小穗为长圆状卵形或线状披针形,少有椭圆形和长圆形,后期为麦秆黄色,有多数

图 11-18 刚毛荸荠

密生的两性花;在小穗基部有 2 片鳞片,中空无花,抱小穗基部的 1/2~2/3 周以上;其余鳞片全有花,为卵形或长圆状卵形,顶端钝,背部为淡绿色或苍白色,有 1 条脉,两侧狭,淡血红色,边缘很宽,白色,干膜质;下位刚毛 4 条,其长明显超过小坚果,略弯曲,不向外展开,具密生倒刺;小坚果呈倒卵形,双凸状,淡黄色;花柱基为宽卵形,长约为小坚果的 1/3,宽约为小坚果的 1/2,海绵质。花果期为 6~8 月份。

(18)萤蔺 萤蔺属于莎草科多年生草本植物。幼苗：初生叶肥厚，呈线状锥形，绿色，叶背稍隆起，腹面稍凹，向基部变宽为鞘状。成株：秆丛生，高 20～30 厘米，圆柱形。秆基部有 2～3 个叶鞘，开口处为斜截形，无叶片。苞片 1 枚，为秆的延长，直立，长 5～15 厘米。花和子实：小穗 2～7 个聚成头状，卵形或长圆状卵形，棕色或淡棕色，多花；鳞片为宽卵形或卵形，顶端具短尖，背面中央为绿色，两侧为浅棕色或有深棕色条纹。小坚果呈宽倒卵形或倒卵形，平凸状，黑色或黑褐色，有光泽。种子成熟后，随刚毛漂浮在水面，借水流传播。

图 11-19 萤 蔺

(19)浮萍 浮萍属于浮萍科多年生漂浮植物。根 1 条，长 3～4 厘米，纤细，根鞘无翅，根冠钝圆或截切状。叶状体对称，倒卵形、椭圆形或近圆形，上面平滑，绿色，不透明，下面为浅黄色或紫色，全线，具不明显的三脉纹。叶状体背面一侧具囊，新叶状体于囊内形成浮出，以极短的细柄与母体相连，随后脱落。花单性，雌雄同株，生于叶状体边缘开裂处；佛焰苞翼状，内有雌花 1 枚，雄花 2 枚；雄花花药 2 室，花丝纤细；雌花具雌蕊 1 枚，子房巨室，具弯生胚珠 1 枚。果实近陀螺状，无翅。种子 1 颗，具凸起的胚乳和不规则的凸脉 12～15 条。花期为 4～6 月份，果期为 5～7 月份。

图 11-20 浮 萍

二、水稻田主要杂草发生规律

由于气候、土壤、耕作等条件各异，各地稻田杂草的种类、发生情况也不同。中北部亚热带1~2季稻草害区主要是华中长江流域，该地区是我国的主要稻作区，包括福建北部、江西、湖南南部、江苏、安徽、湖北、四川北部以及河南和陕西的南部。该区稻田杂草为害面积约占72%，其中中等以上为害面积占45.6%。杂草数量增长有3个时期：种子萌发期、分蘖期和生殖生长期。种子萌发期为4月20日至5月20日，是防治的最佳时期；分蘖期为5月21日至6月20日；生殖生长期为6月21日至7月30日。

现把各类稻田杂草发生规律和治理思路介绍如下。

1. 秧田杂草

秧田杂草的种类很多，包括以稗草为主的禾本科杂草、莎草科杂草，以节节菜、陌上菜、眼子菜为主的杂草，牛毛毡和藻类也有区域性为害。

防治秧田杂草时，可用苄嘧丙草胺于谷种扎根后对土壤喷雾，也可在苗龄超过2叶1心后用二氯喹啉酸挑治稗草。

2. 移栽田杂草

由于移栽田中杂草的秧龄都在5叶以上，因而其耐药性强，而且杂草的生育期长，往往交替发生。

防治移栽田杂草的策略为狠抓前期，前期用一次性除草剂进行封闭，目前多用苄乙毒土封闭。后期视杂草发生情况进行挑治，水花生可用使它隆进行叶面喷施，野荸荠可用吡嘧磺隆喷施，稗草可用二氯喹啉酸喷施，也可在移栽前用苯噻苄处理。

3. 抛秧田杂草

由于抛秧田中秧苗较小，对除草剂的安全性要求较高，封闭时常采用苄嘧丁草胺毒土，以后根据田间杂草情况进行挑治。

4. 直播田杂草

直播田杂草的发生一般有 3 个高峰期：第一个高峰期出现在直播后 5～7 天，以稗草、千金子等禾本科杂草为主，一般占总出草量的 60% 左右；第二个高峰期一般出现在直播后 15～20 天，主要以异型莎草、节节菜、鸭舌草等莎草科和阔叶杂草为主，约占总出草量的 25%；第三个高峰期出现在播种后 20～30 天，以水莎草为主，约占总出草量的 15%。但在实际生产中，有时在第二高峰和第三高峰时也会有部分恶性禾本科杂草，从而提高了防治难度和成本。

为避免杂草萌发期与水稻发芽生长期在时间上重叠，在实际操作中必须将稻种催芽后再播于大田，这样能保证杂草萌发与水稻生长有一个时间差，利用这个时间差来对杂草进行防治。

三、水稻田杂草防治技术

1. 农业除草技术

水稻田杂草防除采用以农业技术为主的综合防除措施，收效才比较显著。必须在水稻的栽培管理过程中，把防除杂草的措施贯穿在农事操作的每一个环节，才能较好地防除杂草。

（1）**水旱轮作** 从根本上改变杂草的生态环境，创造有利于作物生长而不利于杂草滋生蔓延的条件，这是最经济有效的除草措施。水田改旱地后，稗草、异型莎、看麦娘等水生、湿性杂草在旱地生长一年大都死亡。

（2）**消灭草籽**

①用盐泥水、硫酸铵水、硝酸铵水选种，也可用机械选种，以排除混杂在作物种子中的草籽。

②对农家肥应进行堆沤并使其充分腐熟，以消灭混在其中的草籽。

③在杂草尚未成熟前予以拔除。

(3)加强管理,防除杂草

①耕作除草:如在水稻移栽前,先灌浅水使田土湿润,让稗草等杂草萌发,然后耕耙,反复数次,可消灭大量杂草;水稻播后15天左右,当杂草萌发量为50%~80%时进行中耕,可消灭大量杂草;在秋冬季深翻土壤,将大量草籽埋入深层土中,使其不能萌发。

②以肥灭草:如施氨水、胡敏酸铵等,可杀死草芽,减少草害;施河泥、厩肥,既能促进作物生长,又能压死或延缓杂草萌发,以后待杂草长出时,作物已长高长大,能抑制杂草生长。

③淹水或晒田除草:在水稻秧田内,当稗草长至2~3叶期时,灌深水淹没,可淹死稗草而秧苗却不受影响;在水稻分蘖末期进行晒田,不仅可以控制无效分蘖,还能杀死水绵、刚毛藻、青萍等水生杂草。

2.生物防除技术

(1)放养绿萍,可抑制稻田中大量杂草生长。

(2)在稻田养鱼,特别是养草鱼,可消灭多种杂草。

(3)生物防除:

①放鸭食草。

②以虫灭草:繁殖和释放豚草条纹叶甲可以消灭豚草;释放空心莲子草叶甲可以防除空心莲子草。

3.化学除草技术

(1)常用除草剂

①移栽田主要除草剂:苄·乙、苄·异丙、苄·苯噻酰草胺、苄·丙、广灭灵、农思它等。

②除草剂使用注意事项:一是有些地方多年来一直使用含有甲磺隆的除草剂,会残留在土壤中引起药害;二是在幼苗期施用、超剂

量施用或不按规定技术要求施用或误用除草剂而造成药害。因此,水田化学除草剂的施用一定要讲科学,对不同的水稻田杂草一定要选择适宜的除草剂,适期、适量施用。

(2)水稻田化学除草综合方案

①水稻秧田的化学除草技术。

播种前撒毒土:提前将秧田整好,灌水3~6厘米,促使杂草种子萌动。用25%除草醚7.5~9千克/公顷,拌湿润细土300~375千克,均匀撒于田中,撒药后4天排水播种。这种方法在晚稻秧田使用效果好。也可用50%杀草丹乳油4.5千克/公顷,在早、中、晚稻田除稗效果均好。

随播随用药:将中、晚稻秧田整好后,不催芽播种,播后灌浅水层。施用25%除草醚7.5千克/公顷,加湿润细土300千克,拌匀后撒施,保水2~3天,见谷芽后排水。

出苗后喷药:在秧苗立针现青期、稗草1叶1心至2叶1心期,选择晴天露水干后施药。施药前一天或当天上午把田水排干,用20%敌稗11.25~15千克/公顷,加水450~600千克喷雾。喷雾要均匀,喷头距苗高30~40厘米。喷药后一般晒田1~2天。晒田是为了使稗草充分吸收敌稗,使稗草得不到水分的补充,破坏稗草的水分平衡。晒田1~2天后灌较浅的水层,以水层不淹没秧尖只淹没稗草生长点为准。过3天后稗草即可死亡。还可用20%敌稗乳油,分2次进行喷雾。第一次用20%敌稗0.5千克/公顷兑水30千克喷雾,晒田1天后,再用20%敌稗0.5千克/公顷兑水30千克喷雾,晒田1天后,灌水淹稗。这种分2次喷雾的方法,具有提高杀稗效果和避免水稻受损的优点,在稗草两叶期前喷施敌稗,杀除稗草的效果比较理想。如稗草长到2~3叶期,可用25%杀草灵可湿性粉剂11.25~15千克/公顷,加洗衣粉150~300克,兑水450~600千克,进行叶面喷雾。喷药需在无风的晴天进行,喷药前排去田内的水层,喷药时力求均匀,喷药当天不灌水,次日灌浅水层,保持水层5天左

农作物病虫草害防治实用技术

右,不串灌。对双季晚稻秧田期三棱草多的田块,在扯秧前7~8天,每亩喷施70%二甲四氯50克,能起到除草脱秧根、提高扯秧效果的作用。

②水稻本田的化学除草技术。

在水稻本田使用化学除草剂时,必须注意化学除草剂的一个共同特点,即气温高时对杂草的杀伤力强,反之则弱。对早稻田施药时应在插秧(抛秧)后10天左右施用。中稻、晚稻一般在插秧(抛秧)后4~6天施用除草剂效果较好。具体做法是:当晴天露水干后,施用25%除草醚7.5~9.0千克/公顷,用湿润细土225千克拌匀,堆闷半天,然后均匀地撒入稻田。1周内田间保持水深3~6厘米,不要排水。如果田中无水,就要灌水,但不要串灌,1周后正常管理。此法对稗草、牛毛草等的防治效果较好。

除草醚对三棱草、鸭舌草、野慈姑等杂草无效,对于这些杂草,可视情况施用70%二甲四氯1.125~1.5千克/公顷,兑水600千克,在稻田水排干后的第2天喷雾。喷药后隔1天再灌水,以后按正常方法管理。数天后三棱草、鸭舌草、野慈姑即可逐渐死亡。

插秧半月后,在生长眼子菜恶性杂草的稻田,当杂草长出3~5片叶、红叶变绿叶时,用50%扑草净600~750克/公顷,加湿润细土225千克/公顷,配成毒土撒施,保持3~6厘米的水层7天,效果很好。如用扑草净40克加70%二甲四氯100克,拌湿润细土15千克,均匀撒施,不仅能杀灭眼子菜,也能杀死日照飘拂草、节节草、鸭舌草、野慈姑、野荸荠等杂草。

第十二章
小麦草害防治技术

农田杂草是制约小麦高产、优质的主要生物灾害。草害与小麦争光、争水、争肥,严重影响小麦的产量和质量。安徽省小麦田年均杂草发生面积为130万公顷,占小麦种植面积的70%,草害造成的小麦损失为10%~15%,重发年份损失为20%~30%。

一、小麦田主要杂草种类和形态识别

1. 小麦田主要杂草种类

安徽省小麦田常见杂草有11科27种。主要杂草有猪殃殃、播娘蒿、荠菜、大巢菜、牛繁缕、婆婆纳、麦家公、泽漆、野油菜等阔叶杂草及硬草、野燕麦、看麦娘、日本看麦娘、雀麦等禾本科杂草。

2. 小麦田主要杂草的形态识别要点

(1)猪殃殃 猪殃殃是茜草科猪殃殃属多年生草本植物的统称,属于多枝、蔓生或攀缘状的草本植物。茎具四棱,棱上、叶缘及叶背面中脉上均有倒生小刺毛。叶4~8片轮生,近无柄;叶片纸质或近膜质,条状倒披针形,长1~3厘米,先端有凸尖头,干时常卷缩。聚伞花序腋生或顶生,有花数朵;花小,白色或淡黄色;花冠

4裂;果小,稍肉质。

图12-1 麦田中的猪殃殃

图12-2 猪殃殃

(2)**播娘蒿** 播娘蒿又名"米蒿",为十字花科一年生草本植物。全株有分叉毛。茎直立,高30～120厘米,圆柱形,上部多分枝。叶互生,下部叶有柄,上部叶无柄;叶片为2～3回羽状深裂,最终裂片为窄条形或条状长圆形。总状花序顶生,花多数;花瓣4瓣,淡黄色。长角果呈窄条形,斜展,成熟后开裂。种子为长圆形或

图12-3 播娘蒿

近卵形,黄褐色至红褐色。幼苗子叶2片,长椭圆形;初生叶2片,3～5裂;后生叶为2回羽状分裂。靠种子繁殖。

(3)**看麦娘** 看麦娘别名"山高粱",为一年生草本植物。细瘦,光滑,节处常膝曲,高15～40厘米。叶鞘光滑,短于节间;叶舌膜质;叶片扁平。圆锥花序,圆柱状,灰绿色;小穗为椭圆形或卵状椭圆形;颖膜质,基部互相联合,脊上有细纤毛,侧脉下部有短毛;花药为橙黄色。颖果长约1毫米。花果期为4～8月份。

(4)**荠菜** 荠菜为十字花科荠菜属一年生草本植物。高20～50厘米。茎直立,有分枝,稍有分枝毛或单毛。基生叶丛生,呈莲座状,具长叶柄;叶片大头羽状分裂,顶生裂片较大,卵形至长卵形。短角

果扁平。花瓣呈倒卵形;茎生叶狭被外形,基部箭形抱茎,边缘有缺刻或锯齿,两面有细毛或无毛。总状花序顶生或腋生,果期延长达20厘米;萼片长圆形;花瓣白色,匙形或卵形。短角果,倒卵状三角形或倒心状三角形,扁平,无毛,先端稍凹。种子呈椭圆形,浅褐色。花果期为4~6月份。

图12-4 看麦娘

图12-5 荠菜

(5)**大巢菜** 大巢菜为一年生或二年生草本植物。高25~50厘米。被疏黄色短柔毛。偶数羽状复叶,叶轴顶端具卷须;托叶戟形,一边有1~3个披针形齿牙,一边全缘;小叶4~8对,叶片长圆形或倒披针形,先端截形,凹入,有细尖,基部楔形,两面疏生黄色柔毛。总状花序腋生;花1~2朵,花梗短,有黄色短毛;花冠为深紫色或玫红色;萼片为钟状,萼齿5枚,披针形,渐尖,有白色疏短毛;旗瓣为倒卵形,翼瓣及龙骨瓣均有爪;柱头头状,花柱先端背部有淡黄色髯毛。荚果为线形,扁平,近无毛,成熟时为棕色。种子为圆球形,棕色。花期为3~4月份,果期为5~6月份。

图12-6 大巢菜

(6) 牛繁缕 牛繁缕全株光滑,仅花序上有白色短软毛。茎多分枝,柔弱,常伏生于地面。叶为卵形或宽卵形,顶端渐尖,基部心形,全缘或波状,上部叶无柄,基部略包茎,下部叶有柄。花梗细长,花后下垂;萼片5片,宿存,果期增大,外面有短柔毛;花瓣白色,深裂几达基部。蒴果卵形,每瓣端再2裂。花期为4~5月份,果期为5~6月份。

图 12-7 牛繁缕

(7) 婆婆纳 婆婆纳为越年生或一年生草本植物,全株有毛。茎自基部分枝,下部倾卧,高15~45厘米,茎基部叶对生,有柄或近于无柄,卵状长圆形,边缘有粗钝齿。花序顶生,苞叶与茎生叶同型,互生。花单生于苞腋,花梗明显长于苞叶;花萼4裂,花冠淡蓝色,有深蓝色脉纹。蒴果为肾形,宽过于长,顶端凹口开角大于90°,宿存花柱明显超过凹口。种子表面有颗粒状的突起。花期为3~5月份。靠种子繁殖。

(8) 麦家公 麦家公株高20~40厘米,茎直立或斜升,茎的基部或根的上部略带淡紫色,被糙毛。叶为倒披针形或线形,顶端圆钝,基部狭楔形,两面被短糙毛,叶无柄或近无柄。聚伞花序,花萼5裂至近基部,花冠为白色或淡蓝色,筒部5裂。果实为小坚果。

图 12-8 婆婆纳

图 12-9 麦家公

(9)**野燕麦** 野燕麦为一年生草本植物。秆直立单生或丛生,有2~4个节,株高60~120厘米。叶鞘光滑或基部被柔毛;叶舌膜质透明;叶片宽条状。圆锥花序呈塔形开展,分枝轮生,小穗疏生;小穗生2~3朵小花,梗长向下弯;两颖近等长;外稃质地坚硬,下部散生粗毛,芒从中间略下伸,膝曲扭转,内稃短。颖果为长圆形,被浅棕色柔毛,腹面有纵沟。

图12-10 野燕麦

靠种子繁殖。稻茬小麦田中野燕麦多于小麦播种后5~8天出苗,呈秋季单峰型。野燕麦在拔节期以前生长速度比小麦慢,在拔节期后生长速度加快,与小麦共生到拔节期,严重的共生到返青期。在冬麦区,野燕麦于9~11月份出苗,第2年4~5月份开花结实,6月份枯死。

(10)**泽漆** 泽漆为大戟科一年生或二年生草本植物,高10~30厘米,全株含乳汁。茎基部分枝,茎丛生,基部斜升,无毛或仅分枝略具疏毛,基部紫红色,上部淡绿色。叶无柄或因突然狭窄而具短柄;叶片为倒卵形或匙

图12-11 泽漆

形,叶互生,先端微凹,边缘中部以上有细锯齿,无柄。基部楔形,两面深绿色或灰绿色,被疏长毛,下部叶小,开花后渐脱落。杯状聚伞花序顶生,伞梗,每伞梗再分生2~3小梗,每小伞梗又第三回分裂为2叉,伞梗基部具5片轮生叶状苞片,与下部叶同形而较大;雄花10余朵,每花具雄蕊1枚,下有短柄,花药歧出,球形;雌花1枚,位于花序中央;子房有长柄,伸出花序外;种子褐色,卵形,有明显凸起网纹,具白色半圆形种阜。蒴果无毛。种子卵形,表面有凸起的网纹。花期为4~5月份,果期为6~7月份。

(11) **硬草** 硬草为一年生禾本科植物。秆簇生,高5~15厘米,自基部分枝,膝曲上升。叶鞘平滑无毛,中部以下闭合;叶舌短,膜质,顶端尖;叶片为线状披针形,无毛,上面粗糙。圆锥花序长约5厘米,紧密;分枝粗短;小穗含3~5朵小花,线状披针形,第一颖长约为第二颖长的一半,具3~5脉;外稃革质,具脊,顶端钝,具7脉。

(12) **日本看麦娘** 日本看麦娘属于禾本科看麦娘属一年生草本植物。秆多数丛生,直立或基部膝曲,高20~50厘米,具3~4节。叶鞘疏松抱茎,其内常有分枝;叶舌薄膜质;叶片质柔软,下面光滑,上面粗糙。圆锥花序圆柱形,小穗长5~7毫米;颖脊上具纤毛;外稃略长于颖,厚膜质,下部边缘合生,芒自近稃体基部伸出,远伸出颖外,中部稍膝曲;花药为淡白色或白色,长约1毫米。花果期为2~5月份。

图 12-12　硬　草　　　　图 12-13　日本看麦娘

二、小麦田主要杂草发生规律

小麦田杂草的为害时间长,受冬季低温抑制,常年有2个出草高峰。出草始于小麦播种后7天左右,播后14~30天为冬前出草盛期(第一个发生高峰期),播后70~110天为第二个出草盛期。其中以冬前出草量大,为害时间长,冬前出草量占田间总发生量的60%~70%。早播的麦田秋季雨水多、气温高时,冬前出草量大;春季雨水多时,杂草发生量也大。晚茬麦冬前出草量少,春季出草量较多。在秋冬干旱、春雨较多的年份,早播麦田的冬前出草量减少,开春后常有大量杂草萌发。

旱茬麦田以阔叶杂草为主,常伴生早熟禾等禾本科杂草;稻茬麦田以禾本科杂草为主,伴生猪殃殃、荠菜等阔叶杂草。麦田冬季以禾本科杂草为害为主,春后阔叶杂草生长旺盛。豆茬、玉米茬麦田的杂草发生为害较山芋茬重;旱地麦田杂草群落以阔叶杂草为主,稻茬麦田阔叶杂草与禾本科杂草并发,同时伴生的杂草多于旱地麦田杂草;机条播合理密植麦田的杂草危害轻于常规播种过密麦田。

三、小麦田杂草防治技术

1.农业除草技术

(1)**农业防除** 根据安徽省农业生态区及杂草分布特点,采用相应的农业防除技术。

淮北小麦主产区:可实行多种形式的水旱轮作或间作套种;推广条播麦;进行深翻诱发灭草;施用腐熟肥料,减少草种再侵染。

江淮麦稻连作区:坚持适度规模的水旱轮作;大力推广机条播麦;进行耕翻诱发灭草。

沿江麦棉套种、油稻连作区:坚持水旱轮作;精选麦种,清除草籽;推广阔幅条播麦和机条播麦。

皖西南山区麦稻连作、多种经济作物区:要采用以轮作换茬为基础,以促进壮苗压草为前提,辅以化学除草的农业综合控制技术。

(2)**人工防除** 传统的人工除草(人工锄草、人工拔除、人工割草)具有松土、培根、保墒、增强土壤通透性、除草无污染等特点,且不受时间、季节限制。在除草剂错过防除适期或失去有效控制时段时,人工防除仍不失为麦田杂草综合治理的辅佐措施之一,尤其是对多年生杂草、大龄杂草、检疫性杂草,人工防除具有独特效果。

2. 生物防除技术

利用尖翅小卷蛾防治扁秆藨草等已在实践中取得良好效果,今后可以加强这种防治措施的推广,尤其是对某些恶性杂草的防治,生物防除技术将是一种经济而长效的措施。

3. 化学除草技术

(1)常用除草剂

①常用除草剂包括40%唑草酮水分散粒剂、6.9%骠马水乳剂、20%使它隆乳油、40%快灭灵水分散粒剂、55%普草克水乳剂、5.83%麦喜水分散粒剂、50%酰嘧磺隆水分散粒剂、15%炔草酸、3%甲基二磺隆、70%氟唑磺隆和2%霸草灵水分散粒剂等。

②除草剂使用注意事项。

使用除草剂时,首先要保证作物及后茬作物的安全,选择安全、高效、残留期较短的种类。为保证小麦后茬作物的安全,在麦田禁止使用氯磺隆、苯磺隆、甲磺隆及其复配剂以及二甲四氯、2-4-滴丁酯等,因其易飘移而产生药害。除复配用药外,一般不提倡单独使用,防止对后茬作物产生药害。

严格控制用药剂量。按推荐剂量使用除草剂,如果除草剂用量过大,则易造成药害,且对下茬作物有不良影响;如果用量偏低,则效果差。

严格按照稀释倍数要求兑足水,保证药液使用量。均匀喷雾,不重喷、不漏喷。

(2)小麦田化学除草综合方案 对麦田杂草的防除要根据田间杂草的种类和发生情况,选用适宜的除草剂适时用药。适期播种的小麦田一般以秋播和冬前用药防除为重点;播种过晚的小麦,冬前出草很少,可在开春后气温稳定在5℃以上时(3月上旬)一次化除,同

第十二章 小麦草害防治技术

时防除禾本科杂草和阔叶杂草。

根据不同区域麦田杂草群落结构特征,淮北及沿江江南麦区以防除阔叶杂草为主,兼顾防除禾本科杂草。

江淮麦区以防除禾本科杂草为主,兼顾防除阔叶杂草。免耕麦区应重点防除稻槎菜、网草等多种禾本科杂草及阔叶杂草。

猪殃殃、荠菜、播娘蒿、牛繁缕、婆婆纳等阔叶杂草的化学防除配方:每公顷用20%使它隆乳油600~750毫升、75%巨星DF 15~22.5克、15%麦草光WP 150~180克或50%好事达WG 45~60克,于小麦3~5叶期,兑水600千克对茎叶喷雾。

猪殃殃、泽漆、遏兰菜等混生杂草的化学防除配方:每公顷用40%快灭灵DF 56.25~75克或20%使它隆EC 300毫升+20%二甲四氯SL 1875毫升/公顷,于小麦3~5叶期,兑水600千克对茎叶喷雾。

野燕麦、看麦娘、网草等禾本科杂草的化学防除配方:用10%骠灵EC 750毫升/公顷或6.9%骠马EW 600~900毫升/公顷,于小麦3~5叶期,兑水600千克对茎叶喷雾。

猪殃殃、看麦娘、野燕麦等混生杂草的化学防除配方:用50%华星麦保WP 750克/公顷于小麦3~4叶期、杂草2叶期,兑水750千克对茎叶喷雾;用50%高渗异丙隆WP 1875克/公顷,于小麦1~3叶期,兑水600千克对茎叶喷雾;用48%百草敌SL 1875毫升/公顷+50%异丙隆WP 1875克/公顷,于小麦3~5叶期,兑水600千克对茎叶喷雾。

免耕稻槎菜、网草等多种混生杂草的化学防除配方:每公顷用41%农达SL 2250~3000毫升、30%飞达WP 2250~3000克或20%克芜踪SL 2250~3000毫升,于小麦播种前1天,兑水750千克对茎叶喷雾;用10%草甘膦SL 1500毫升/公顷+72%都尔EC 750毫升/公顷,于小麦播种前2~4天,兑水750千克对茎叶喷雾。

第十三章
棉花草害防治技术

　　植棉业一直是我国农业生产的支柱产业,其总产量居世界前列。近年来,棉花的杂草危害问题愈显突出,成为制约棉花高产、优质的关键因素之一。因此,棉花杂草综合防治技术对棉花生产具有重要的现实意义。

一、棉花田主要杂草种类和形态识别

1. 棉花田主要杂草种类

　　安徽省沿江植棉区种植方式主要为油菜和棉花连作。油菜－棉花连作棉田的杂草有15科30种,其中禾本科杂草9种,莎草科杂草1种,双子叶类杂草20种,早熟禾、通泉草、马齿苋、千金子和婆婆纳为优势种。从杂草种类和数量来看,棉花不同生育期中双子叶类杂草均多于单子叶类杂草;尤其在蕾期,双子叶类杂草在数量和种类上分别占69.0%和68.0%。

2. 棉花田主要杂草的形态识别要点

　　(1) 早熟禾 早熟禾属于一年生禾本科杂草。秆丛生,直立或基部倾斜,高5~30厘米,具2~3节。叶鞘质软,中部以上闭合,短于节间,平滑无毛;叶舌膜质,顶端钝圆;叶片扁平。圆锥花序开展,呈金字塔形,每节具1～2个分枝,分枝平滑;小穗绿色,具3～5朵小花;颖质薄,顶端钝,具宽膜质边缘。颖果为黄褐色,长约1.5毫米。花果期为7～9月份。

(2)**通泉草** 通泉草为通泉草属一年生草本植物。茎高3～30厘米,直立或倾斜,无毛或疏生短柔毛。总状花序生于茎、枝顶端,常在近基部生花,上部成束状,通常有3～20朵,花稀疏;花萼为钟状;花冠为白色、紫色或蓝色。蒴果为球形;种子小而数多,黄色。花果期为4～10月份。

图13-1 早熟禾

图13-2 通泉草

(3)**马齿苋** 马齿苋为马齿苋科一年生草本植物。全株肥厚多汁,无毛,高10～30厘米。茎平卧或斜倚,伏地铺散,多分枝,圆柱形,淡绿色或带暗红色。叶互生,有时近对生,叶片扁平,肥厚,倒卵形,似马齿状,顶端圆钝或平截,有时微凹,基部楔形,全缘,上面暗绿色,下面淡绿色或带暗红色,中脉微隆起;叶柄粗短。花无梗,直径4～5毫米,常3～5朵簇生枝端,午时盛开;苞片叶状,膜质,近轮生;萼片对生,绿色,盔形,背部具龙骨状凸起,基部合生;花瓣5枚,黄色,倒卵形,长3～5毫米,顶端微凹,

图13-3 马齿苋

基部合生；花药黄色；子房无毛，花柱比雄蕊稍长，柱头4～6裂，线形。蒴果为卵球形，盖裂；种子细小而数多，偏斜球形，黑褐色，有光泽，具小疣状凸起。花期为5～8月份，果期为6～9月份。

(4) **千金子** 同水稻草害。

(5) **婆婆纳** 同小麦草害。

(6) **藜** 藜是一年生草本植物，高30～150厘米。茎直立，粗壮，具条棱，带绿色或紫红色条纹，多分枝。叶互生；叶柄与叶片近等长，或为叶片长的1/2；下部叶片为菱状卵形或卵状三角形，先端急尖，基部楔形，上面通常无粉，有时嫩叶的上面有紫红色粉，边缘有齿牙或不规则浅裂；上部叶片披针形，下面常被粉质。花小，两性，黄绿色，每8～15朵聚生成一花簇，许多花簇集成大的或小的圆锥状花序，生于叶腋和枝顶；花被5片，背面具纵隆脊，有粉，先端微凹，边缘膜质；雄蕊5枚，伸出花被外；子房扁球形，花柱短，柱头2枚。胞果稍扁，近圆形，果皮与种子贴生，包于花被内。种子横生，双凸镜状，黑色，有光泽，表面有浅沟纹。花期为8～9月份，果期为9～10月份。

图13-4 藜

(7) **艾蒿** 艾蒿为多年生草本植物，有浓烈香气。主根明显且略粗长，直径为1.5厘米左右，侧根多，常有横卧地下根状茎及营养枝。茎单生或少数分枝，高80～250厘米，有明显纵棱，褐色或灰黄褐色，基部稍木质化，上部为草质，并有少数短的分枝，枝长3～5厘米；茎、枝均被灰色蛛丝状柔毛。叶厚、纸质，上面被灰白色短柔毛，并有白色腺点与小

图13-5 艾 蒿

凹点,背面密被灰白色蛛丝状密绒毛;茎下部叶近圆形或宽卵形,羽状深裂,每侧具裂片2～3枚,裂片为椭圆形或倒卵状长椭圆形,每裂片有2～3枚小裂齿;中部叶为卵形、三角状卵形或近菱形,1～2回羽状深裂至半裂,每侧裂片2～3枚,裂片卵形,叶基部宽楔形,渐狭成短柄,叶脉明显,在背面凸起;上部叶与苞片叶羽状半裂。头状花序,椭圆形,每数枚在分枝上排成小型的穗状花序或复穗状花序,并在茎上通常再组成狭窄、尖塔形的圆锥花序,花后头状花序下倾;花冠为管状或高脚杯状,外面有腺点,檐部紫色,花药狭线形,先端附属物尖,长三角形,基部有不明显的小尖头,花柱与花冠近等长或略长于花冠,花后向外弯曲。瘦果为长卵形或长圆形。花果期为9～10月份。

(8)**牛筋草** 牛筋草为一年生草本植物,高15～90厘米。须根细而密。秆丛生,直立或基部膝曲。叶片扁平或卷折,无毛或表面具疣状柔毛;叶鞘扁,具脊,无毛或疏生疣毛;叶舌长约1毫米。穗状花序,常为数个,呈指状排列于茎顶端;小穗有花3～6朵;颖披针形;种子为矩圆形,有明显的波状皱纹。靠种子繁殖。花果期为6～10月份。

图13-6 牛筋草

(9)**莎草** 莎草为多年生草本植物,高15～95厘米。茎直立,三棱形;根状茎匍匐延长,部分膨大呈纹外向型,有时数个相连。叶丛生于茎基部,叶鞘闭合包于茎上;叶片线形,先端尖,全缘,具平行脉,主脉于背面隆起。花序复穗状,3～6个在茎顶排成伞状,每个花序具3～10个小穗,线形;颖紧密排列,卵形至长

图13-7 莎草

圆形,膜质两侧紫红色,有数脉。基部有叶片状的总苞2~4片,与花序等长或比花序长;每颖着生1花,雄蕊3枚;柱头3枚,丝状。小坚果为长圆状倒卵形或三棱状。花期为5~8月份,果期为7~11月份。

(10)**马唐** 马唐为一年生草本植物,秆基部常倾斜,着土后易生根,高40~100厘米。直径2~3毫米。叶鞘常疏生有疣基的软毛,稀无毛;叶舌长1~3毫米;叶片为线状披针形,两面疏被软毛或无毛,边缘变厚而粗糙。总状花序细弱,3~

图13-8 马 唐

10枚,长5~15厘米,通常成指状排列于秆顶,中肋白色,约占宽度的1/3;小穗长3.0~3.5毫米,披针形,双生于穗轴各节,一有长柄,一有极短的柄或无柄;花药长约1毫米。花果期为6~9月份。

二、棉花田主要杂草发生规律

我国棉田杂草主要以禾本科和莎草科杂草为主,其发生量约占杂草群落的78.1%,阔叶杂草约占杂草群落的21.9%。对棉花生产为害严重的杂草有马唐、稗草、牛筋草、千金子、狗尾草、蓼、藜、狗牙根、双穗雀稗、牛繁缕、铁苋菜等。

棉田杂草的分布和群落组成因地理位置、生态环境、栽培制度和气候条件的不同而异。棉田杂草的发生一般呈现2~3次高峰,主要集中在苗期和蕾铃期。长江流域棉区杂草群落以喜温湿的千金子、空心莲子草、牛繁缕等为主,一年有3个高峰期,第一个高峰期在5月中旬,第二个高峰期在6月中下旬,第三个高峰期在7月下旬至8月初。

苗期发生的主要杂草有棒头草、莎草、婆婆纳、茵茵菜和垂盆草、主要优势种为早熟禾和通泉草;蕾期发生的主要杂草有牛筋草、千金子、早熟禾、棒头草、稗、莎草、铁苋菜、婆婆纳、苘苘菜和艾蒿,其中马齿苋和通泉草为主要优势种;花铃期发生的主要杂草有牛筋草、莎草、铁苋菜、通泉草和斑地锦,主要优势种是千金子、婆婆纳和马齿苋。整个生育期各阶段均发生的杂草有莎草、通泉草和婆婆纳,其中莎草的发生量较平稳,通泉草呈下降趋势,婆婆纳则呈现上升趋势,至花铃期上升为主要优势种。

三、棉花田杂草防治技术

1. 农业除草技术

(1) **合理密植** 合理密植是一种有效的杂草防治措施。密植在一定程度上能降低杂草发生量,抑制杂草的生长。培育壮苗可促进棉苗早封行,提高棉株的竞争力,抑制杂草的生长。

(2) **水旱轮作** 水旱轮作能有效抑制杂草的发生,简化杂草群落的结构,减少棉田杂草的危害。

(3) **冬前深翻** 冬前深翻能杀灭部分香附子等杂草,降低越冬杂草基数。

(4) **中耕除草** 中耕除草在我省棉花生产上已广泛采用,它能有效杀灭棉花中后期的行间杂草。

(5) **人工除草技术** 若劳力较充裕,结合培土护根和起垄的人工锄草仍然是一种主要的除草措施。人工除草虽然费工、费时,有时还会因长期阴雨天气不能及时除草而造成草荒,但作为一种辅助的措施还是十分重要的。

2. 生物防除技术

尖翅小卷蛾初孵幼虫可沿常见的恶性香附子叶背行至叶心,吐丝并蛀入嫩心,使心叶失绿萎蔫而死,继而蛀入鳞茎,咬断输导组织,致使香附子整株死亡。生物防除技术对棉花田杂草具有良好的防治效果,具有十分广阔的应用前景。

3.化学除草技术

(1)常用除草剂

①常用除草剂种类。进行棉田土壤除草时,可以选择氟乐灵、拉索、乙草胺、敌草隆、地乐胺等除草剂;进行茎叶除草时,可以选择稳杀得、精稳杀得、盖草能、禾草克、克芜踪、草甘膦等除草剂。

②除草剂使用注意事项。选用的除草剂种类要适合,除草时间要选准。一般在禾本科杂草3~5叶期、阔叶杂草2~4叶期的防效较好。要保证剂量准确,用足水量。根据需要每亩用水30~45千克。在使用除草剂时,要注意使用时的气温、土质和兑水量等,认真按照说明书来操作。在干旱、草大情况下,要适当增加用药量。施用除草剂的器械要专用。目前防除棉田阔叶杂草无效果较好的除草剂,使用新型除草剂前要先试验后应用。

(2)棉花田化学除草综合方案

①棉花苗床杂草防治。在棉花苗床播种后覆膜前施药,施药量一般不宜过大,否则影响育苗质量。可以使用50%乙草胺乳油450~750毫升/公顷、72%异丙甲草胺乳油1125~1500毫升/公顷、72%异丙草胺乳油1125~1500毫升/公顷、33%二甲戊乐灵乳油750~1125毫升/公顷或50%乙草胺乳油600毫升/公顷+24%乙氧氟草醚乳油150毫升/公顷,兑水750~1200千克对土表喷雾。棉花在幼苗期遇低温、多湿、苗床积水或药量过多时,易受药害。其药害症状为叶片皱缩。待棉花长至3片复叶、温度升高后可以恢复正常生长。

在棉花播后苗前,在持续低温、高湿条件下,过量施用50%乙草

第十三章 棉花草害防治技术

胺乳油 16 天后的药害症状:施药后棉苗出苗缓慢,矮化,生长受抑制,根的生长受到抑制,须根减少,根毛减少。

在棉花播后芽前,低温高湿条件下,喷施 48% 地乐胺乳油 16 天后的药害症状:棉花受害后出苗缓慢,根系生长受抑制,长势差,药害严重时植株逐渐死亡。

在棉花播后芽前,低温高湿条件下,喷施 48% 氟乐灵乳油 22 天后的药害症状:棉花受害后心叶卷缩、畸形,轻者生长受抑制,长势明显差于空白对照,重者植株缓慢死亡。

在棉花播后芽前,低温高湿条件下,喷施 33% 二甲戊乐灵乳油 6 天后的药害症状:受害后出苗缓慢,根系生长受抑制,根系短而根数少,心叶畸形、卷缩,植株矮小,长势差于空白对照,重者植株萎缩死亡。

在棉花播后芽前,喷施 50% 扑草净可湿性粉剂 16 天后的药害症状:多数受害棉花正常出苗,高剂量区苗后叶片黄化、叶片枯黄、全株死亡。光照强、温度高时药害会加重。

在棉花播后芽前,遇高湿条件,过量喷施乙氧氟草醚后的药害症状:棉花出苗基本不受影响,但出苗后真叶叶片出现褐斑,叶片皱缩,少数叶片枯死。药害轻时,生长受到暂时的抑制,以后不断发出新叶而恢复生长;药害严重时,叶片枯死,新叶不能发出,全株逐渐死亡。

在棉花播后芽前,遇高湿条件,过量喷施 24% 乙氧氟草醚乳油 16 天后的药害症状:受害棉花叶片出现褐斑,生长缓慢。药害轻时,植株生长受到暂时的抑制;药害严重时,叶片枯死,新叶不能发出,逐渐死亡。

②地膜覆盖棉花直播田杂草防治。一般在棉花播种之前或棉花播种之后覆盖地膜之前施用除草剂的效果最好。但要注意的是,棉田墒情一定要足,这样除草剂才能充分渗透到土壤耕作层中去,提高除草效果。

拉索、都尔是选择性酰胺类芽前除草剂,可在棉花播种前施用。精稳杀得、盖草能等是苗后内吸导型茎叶处理剂,可在棉花或杂草出苗后使用。

③棉花移栽田杂草防治。棉花育苗移栽是重要的栽培方式。对于部分生产条件较好的棉花区,常在棉花移栽前进行杂草防治。

长江流域以南棉花栽培区,降雨量较大,杂草发生严重。对于田间长有马唐、狗尾草、牛筋草、稗草、藜、苋的田块,在棉花播后芽前,可用50%乙草胺乳油3000~3750毫升/公顷、33%二甲戊乐灵乳油3000~3750毫升/公顷、72%异丙甲草胺乳油3000~3750毫升/公顷,兑水675千克,均匀喷施。

对于田间发生有大量禾本科杂草和阔叶杂草的地块,可以用50%乙草胺乳油3000~3750毫升/公顷、48%二甲戊乐灵乳油2250~3750毫升/公顷、72%异丙草胺乳油3000~4500毫升/公顷加24%乙氧氟草醚乳油300~600毫升/公顷、20%恶草酮乳油1500~2250毫升/公顷、50%扑草净可湿性粉剂450克/公顷,在棉花移栽前兑水675千克,均匀喷施。施药时应注意墒情和天气。乙氧氟草醚、恶草酮为触杀性芽前除草剂,施药时要喷施均匀。扑草净对棉花的安全性较差,不要随意加大药剂量,否则易发生药害。

④棉花苗期杂草防治。因为除草剂的使用时间和性能不同,因此其使用方法也不一样。适宜播种前处理土壤的除草剂有氟乐灵,适宜播后苗前处理土壤的有地乐胺、乙草胺,适宜棉花苗期对茎叶喷雾的有盖草能、拿扑净、精克草能,适宜棉花成株期定向喷雾的有龙卷膦风、草甘膦等。

⑤棉花田禾本科杂草和阔叶杂草的混生杂草防治。在棉花生长中后期或雨季,对于田间主要生长马唐、狗尾草、马齿苋、藜、苋的地块,在棉花株高50厘米以后,可以用20%百草枯水剂2250~3000毫升/公顷,兑水450千克,选择晴天无风天气进行定向喷施,施药时视

第十三章 棉花草害防治技术

草情、墒情确定用药量。不要喷施到棉花叶片上,否则会产生严重的药害。

部分棉花田中香附子发生严重,可以用47%草甘膦水剂450～1500毫升/公顷,兑水450千克,选择晴天无风天气进行定向喷施,施药时视草情、墒情确定用药量。不要喷施到棉花叶片上,否则会产生严重的药害。

第十四章
玉米草害防治技术

玉米是我国三大粮食作物之一。全国玉米播种面积在2002年首次超过小麦,达到2463万公顷,成为仅次于水稻的第二大作物。近年来,化学除草已广泛应用于玉米生长的各个时期。防治玉米杂草时需要重点考虑气温、土质、玉米品种及耕作习惯等因素。合理选择除草剂不但能降低劳动强度、缩短劳动时间,而且能降低耕种成本,达到增产的目的。

一、玉米田主要杂草种类和形态识别

1. 玉米田主要杂草种类

目前玉米在江淮地区的种植面积逐年扩大,同时,田间杂草情况也发生了变化,部分杂草难以防除。玉米田杂草主要以禾本科杂草与阔叶杂草混生为主,常见杂草有马唐、狗尾草、牛筋草、稗草、画眉草、藜、马齿苋、反枝苋、铁苋菜、小蓟、香附子、碎米莎草、千金子、双穗雀稗、空心莲子草、牛繁缕、婆婆纳、田旋花等。

2. 玉米田主要杂草的形态识别

(1) **狗尾草** 狗尾草为禾本科一年生草本植物,别称"绿狗尾草"、"谷莠子"、"狗尾巴草"。秆直立或基部膝曲,高 10~100 厘米,基部直径为 3~7 毫米。叶鞘较松弛,无毛或具柔毛;叶舌具 1~2 毫米长的纤毛;叶片扁平,顶端渐尖,基部略呈圆形或渐窄,通常无毛。圆锥花序紧密,呈圆柱形,微弯垂或直立,绿色、黄色或紫色;小穗为椭圆形,先端钝;谷粒为长圆形,顶端钝,具细点状皱纹。花果期为 6~8 月份。

图 14-1 狗尾草

(2)**牛筋草** 同棉花草害。

(3)**刺儿菜** 刺儿菜又名"小蓟",为多年生草本植物,高 20~50 厘米。根状茎长,茎直立,有纵沟棱,无毛或被蛛丝状毛。叶为椭圆形或椭圆状披针形,先端锐尖,基部楔形或圆形,全缘或有齿裂,有刺,两面疏被蛛丝状

图 14-2 刺儿菜

毛。头状花序单生于茎顶,雌雄异株或同株,总苞片多层,顶端长尖,具刺;管状花,紫红色。瘦果为椭圆形或长卵形,冠毛呈羽状。

(4)**马唐** 同棉花草害。

(5)**千金子** 同水稻草害。

(6)**稗草** 同水稻草害。

(7)**马齿苋** 同棉花草害。

(8)**双穗雀稗** 同水稻草害。

(9)**水花生** 同水稻草害。

(10)**牛繁缕** 同小麦草害。

(11)**婆婆纳** 同小麦草害。

(12)**藜** 同棉花草害。

(13) **香附子** 香附子为多年生草本植物。有匍匐根状茎,细长,部分肥厚,成纺锤形,有时数个相连。茎直立,三棱形。叶丛生于茎基部,叶鞘闭合包于上,叶片窄线形,长20~60厘米,宽2~5毫米,先端尖,全缘,具平行脉,主脉于背面隆起,质硬;花序复穗状,3~6个在茎顶排成伞状,基部有叶片状的总苞2~4片,与花序几乎等长或长于花序,小穗为宽线形,略扁平;颖2列,排列紧密,卵形至长圆卵形,膜质,两侧紫红色,有数脉;每株着生1花,雄蕊3枚,花药呈线形;柱头呈丝状。小坚果为长圆倒卵形,三棱状。花期为6~8月份,果期为7~11月份。

图14-3 香附子(1)

图14-4 香附子(2)

(14) **铁苋菜** 铁苋菜为大戟科一年生草本植物。高20~60厘米,被柔毛。茎直立,多分枝。叶互生,卵状菱形或卵状披针形,边缘有钝齿,长2.5~8.0厘米,宽1.5~3.5厘米,顶端渐尖,基部楔形,两面有疏毛或无毛,叶脉基部3出;叶柄长,花序腋生,有叶状肾形苞片1~3片,不分裂,合对如蚌;通常雄花序极短,穗状,着生在雌花序上部,雄花萼4裂,雄蕊8枚;雌花序藏于对合的叶状苞片内,俗称"海蚌含珠"。果小,蒴果为钝三棱形,淡褐色,表面有毛,种子黑色。花期为5~9月份,果期为7~11月份。

图14-5 铁苋菜

(15) 田旋花 田旋花为多年生草本植物。近无毛,根状茎横走。茎平卧或缠绕,有棱。叶柄长1~2厘米;叶片为戟形或箭形,先端近圆形或微尖,有小突尖头;中裂片为卵状椭圆形、狭三角形、披针状椭圆形或线形;侧裂片开展或呈耳形。花1~3朵,腋生;花梗细弱;苞片线形,与萼远离;萼片倒卵状圆形,无毛或被疏毛;缘膜质;花冠为漏斗形,粉红色或白色,外面有柔毛,褶上无毛,有不明显的5浅裂;雄蕊的花丝基部肿大,有小鳞毛;子房2室,有毛,柱头狭长。蒴果为球形或圆锥状,无毛;种子为椭圆形,无毛。花期为5~8月份,果期为7~9月份。

图14-6 田旋花

(16) 画眉草 画眉草为禾本科一年生草本植物。秆丛生,直立或基部膝曲,高15~60厘米,直径1.5~2.5毫米,通常具4节,光滑。叶鞘松裹茎,长于或短于节间,扁压,鞘缘近膜质,鞘口有长柔毛;叶舌为一圈纤毛;叶片线形扁平或卷缩,无毛。圆锥花序开展或紧缩,分枝单生、簇生或轮生,多直立向上,腋间有长柔毛,小穗具柄,含4~14朵小花;颖为膜质,披针形,先端渐尖。颖果长圆形。花果期为8~11月份。

图14-7 画眉草

二、玉米田主要杂草发生规律

玉米田中杂草种类比较复杂,单子叶杂草与双子叶杂草常混生,主要杂草为稗草、狗尾草、牛筋草、刺儿菜、马齿苋、香附子、铁苋菜、花菜、画眉草、反枝苋、田旋花、藜等。这些杂草为害农作物的特点为:一是生命力极强,生长相当旺盛;二是生长快,成熟早,不整齐,种子易落,出苗分段;三是不易灭除,恢复力强;四是有惊人的繁殖能力和生存力;五是有强大的传播力和多种传播途径;六是适应能力极强,能适应多种土质。根据调查发现,田间杂草发生为害越来越重,某些杂草产生了抗性,单一除草剂已不能抑制其发生、扩散。玉米田杂草一般造成减产10%~20%,严重的减产30%以上。

三、玉米田杂草防治技术

1. 农业除草技术

(1)轮作灭草 采用玉米与豆科作物轮作方式,可减少玉米田中狗尾草、稗草等的危害。在玉米田中,合理进行套作、混作,建立人工植被,构成复合群体,可破坏杂草的生态环境或抑制某些杂草种子的萌发。如在玉米田混种春白菜,可以减少裸地面积,抑制某些早春型杂草的出土。在玉米生长的中后期,在垄沟内复种绿肥或蘑菇,也能有效地控制杂草危害,达到肥地、治草、增收的目的。

(2)合理耕作

①春耕:春耕是指从土壤解冻到春播一段时间内的耕地作业。春耕可有效地消灭越冬杂草和早春出土的杂草,并将前一年散落于土表的杂草种子翻埋于土壤深层,使其当年不能萌发出苗。

②中耕:中耕是指6~7月份在高温多雨前的翻耕。通过中耕培土既可消灭大量田间杂草,也可消灭大量株间杂草。一般中耕2~3次。第1次中耕在玉米的4~5叶期进行。第2次中耕应该适当壅土,来埋压株间杂草。第3次中耕采取大犁翻垄,可将杂草翻埋入土,并通过深耕将多年生杂草地下根茎切断或翻出土表,使其失去发芽能力。

③秋耕:秋耕是指在9~10月份玉米收获后的茬地进行的翻耕作业。秋耕可消灭春、夏出苗的残草、越冬杂草和多年生杂草。

(3)以密控草 以密控草是指合理密植,加速作物的封行进程,利用作物自身的群体优势,抑制喜光性杂草种子的萌发与出土,并创造一个不利于杂草生长的环境条件,从而达到防草促苗的效果。

2.生物防除技术

防治玉米田中的马唐时,可以喷洒侵染能力很强的画眉草弯孢霉菌株 QZ-2000,其孢子在马唐叶表面仅需 1 小时即可萌发,4 小时就能形成附着孢,菌丝侵入马唐表皮的位置主要为细胞间隙,其次为气孔,24 小时后马唐叶片就开始溃烂。

3.化学除草技术

(1)常用除草剂

①常用除草剂种类。目前,我国使用较多的玉米田除草剂有 40%莠去津胶悬剂、50%乙草胺乳油、72%都尔乳油、60%丁草胺乳油、45%克草灵悬乳剂、43%甲草胺乳油、40%乙·莠悬浮剂、45%乙·异噁唑草酮可湿性粉剂、玉农乐、百草枯等。这些除草剂主要用于玉米田封闭除草或苗后茎叶处理。

②除草剂使用注意事项。玉米田除草剂的使用有一定的安全使用期和安全使用剂量,要严格按照使用说明正确使用,以免造成不必要的损失。

(2)玉米田化学除草综合方案 江淮丘陵地区的玉米种植一般有 2 种播种模式:一是免耕播种;二是耕翻后点播。耕翻后点播的农田可以除去地表上的一般杂草。

①翻耕点播玉米田杂草防除。只要土壤湿度适宜,用药及时,用一般的土壤封闭除草剂进行播后苗前土壤处理就可达到理想的除草效果。目前常用的除草剂有 50%乙草胺乳油、90%禾耐斯乳油、玉米宝等。对于杂草种类较多的田块可用宝贝处理,对于香附子或稗草

较多的田块可用金乙阿处理。

②免耕种玉米田杂草防除。杂草易在作物收获后未整地的时候生出,这时若赶上多雨季节,温度适宜,则杂草生长速度很快,各种杂草相继出土,严重威胁着玉米生长。在杂草防除上,一般先采用草甘膦类、克无踪类等灭生性除草剂把生出土面的杂草除净,再用50%乙草胺、90%禾耐斯在玉米播后出苗前进行土壤处理。香附子较多的田块可选用金乙阿进行土壤封闭处理。香附子发生严重的田块可选用附子清进行防除,该药也可防治其他一些阔叶杂草。

播前混土处理:这种处理技术一般在土壤干旱或土壤墒情较差的地块使用,一般使用40%莠去津胶悬剂1500毫升/公顷与50%乙草胺乳油1125毫升/公顷混用,或用40%乙阿合剂3000毫升/公顷,兑水11250千克均匀喷雾,然后翻土3～5厘米。

播后苗前土壤处理:在玉米播种后将药喷于土壤表面。若小麦收割后免耕种植玉米,在浇水条件好的地区,最好在麦茬空地浇水后播种,然后喷药,或雨后喷药,除草效果较好。常用药剂有40%乙阿悬浮剂、40%玉米宝悬浮剂、40%乙莠水悬浮剂。它们具有杀草谱广、效果好、对作物安全等优点。在玉米播后苗前或玉米3叶前、杂草2～3叶前使用,对杂草总防效可达95%以上。

苗后茎叶处理:50%玉宝可湿性粉剂可防除已出土的一年生禾本科及阔叶杂草,一般在杂草2～5叶期、玉米2～5叶期时进行全田喷雾,玉米5叶期后要定向喷雾。用药量为1350克/公顷,兑水450千克均匀喷雾。该药的杀草谱广,对作物安全,但单位面积的成本稍高。

第十五章
油菜草害防治技术

油菜田中杂草种类多、数量大，杂草常与油菜激烈地争夺水、肥、光照和生存空间。杂草在苗期为害可导致油菜成苗数减少，形成弱苗、瘦苗、高脚苗，抽薹后使分枝结荚数和荚籽粒数明显减少，千粒重降低。长江流域冬油菜田杂草发生面积约为180万公顷，占油菜种植面积的46.9%左右。研究表明，在免耕移栽、肥力中等的油菜田，每平方米有硬草45.5~91株时，可使油菜株高降低4.02%，有效分枝减少3.9%，单株结荚数减少11.01%，单荚籽粒数减少5.32%，千粒重减少0.02%，产量损失15.83%。不少杂草还是油菜主要病虫害的中间寄主。

一、油菜田主要杂草种类和形态识别

1. 油菜田主要杂草种类

油菜田的杂草一般分为禾本科杂草（单子叶杂草）和阔叶杂草（双子叶杂草）。禾本科杂草主要有看麦娘、牛毛毡、早熟禾、棒头草等。阔叶杂草主要有牛繁缕、猪殃殃、碎米荠、播娘蒿、天蓬草、通泉草、婆婆纳等。

2. 油菜田主要杂草的形态识别

(1)看麦娘 同小麦草害。

(2)牛毛毡 同水稻草害。

(3)早熟禾 同棉花草害。

(4)棒头草 棒头草为禾本科棒头草属一年生草本植物,成株秆丛生,光滑无毛,株高15～75厘米。叶鞘光滑无毛,大都短于节间,或下部长于节间;叶舌膜质,长圆形,常2裂或顶端呈不整齐的齿裂;叶片扁平,微粗糙或背部光滑。圆锥花序穗状,长圆形或兼卵形,较疏松,具缺刻或有间断;小穗为灰绿色或部分带紫色;颖几乎相等,长圆形,全部粗糙,先端2浅裂;芒从裂口伸出,细直,微粗糙。颖果为椭圆形。靠种子繁殖。

棒头草以幼苗或种子越冬。在长江中下游地区,棒头草于10月中旬至12月中上旬出苗,翌年2月下旬至3月下旬返青,同时越冬种子亦萌发出苗,4月上旬出穗、开花,5月下旬至6月上旬颖果成熟,盛夏时全株枯死。种子受水泡沤后有利于解除休眠,因而稻茬麦田中棒头草的发生量远比大豆等旱茬地多。

图15-1 棒头草(1)

图15-2 棒头草(2)

(5)牛繁缕 同小麦草害。

(6)猪秧秧 同小麦草害。

第十五章 油菜草害防治技术

(7) 碎米芥 碎米芥为十字花科二年生草本植物,别名"雀儿菜"、"白带草"、"硬毛碎米荠"。成株:高6~30厘米,茎被柔毛,上部渐少。基生叶有柄,单数羽状复叶,小叶1~3对,顶生小叶肾形或圆形,有3~5个圆齿,侧生小叶较小,歪斜;茎生小叶2~3对,狭倒卵形至线形,所有小叶上面及边缘有疏柔毛。总状花序在花初期成伞房状,结果时渐伸长;萼

图 15-3 碎米芥

片为长圆形,长约1.5毫米;外被疏毛;花瓣白色,倒卵状楔形;雄蕊4~6枚,柱头不分裂。子实:长角果为线形,稍扁平,无毛,近直展,裂瓣无脉;种子为长圆形,褐色,表面光滑。幼苗:子叶为近圆形或阔卵形,先端钝圆,具微凹,基部圆形,具长柄。下胚轴不发达,上胚轴不发育;初生叶1片,互生,单叶,三角状卵形,全缘,基部截形,具长柄;第一片后生叶与初生叶相似,第二片后生叶为羽状分裂。

(8) 播娘蒿 同小麦草害。

(9) 天蓬草 天蓬草为石竹科二年生草本植物,别名"雀舌草"、"雪里花"。茎纤细,下部平卧,上部有稀疏分枝,高15~30厘米,绿色或带紫色。叶对生;无柄;长卵形或卵状披针形,两端尖锐,全缘或边缘浅波状;聚伞花

图 15-4 天蓬草

序,顶生或腋生;花白色,花柄细长如丝;萼片5片,披针形,先端尖,边缘膜质,光滑;花瓣5瓣,与萼片等长或稍短,2深裂几达基部;雄蕊5枚;子房卵形,花柱2~3枚。蒴果较宿存的萼稍长,成熟时6瓣裂。

(10) 通泉草 同棉花草害。

(11) 婆婆纳 同小麦草害。

二、油菜田主要杂草发生规律

冬油菜区一般采用一年两熟制或两年三熟制，油菜多与水稻、玉米、大豆或蔬菜等作物轮作，采用秋种夏收的栽培制度。

稻茬免耕直播油菜田由于播种时气温高，墒情好，油菜播种后杂草立即萌发出土，并很快形成出苗高峰。安徽省油菜多在10月中旬播种，只要播种时土壤墒情好，播种后5天左右杂草就开始出土。7～15天为杂草出苗高峰期，有90％的杂草可在播种后40天内出土。这些杂草是与油菜竞争营养与空间的主要群落。由于12月份到来年1月份的气温低，油菜和杂草基本都停止生长。2月底以后气温回升，土壤较深层的杂草种子有少量出土，但由于油菜生长速度快，并很快覆盖地面形成郁闭，使这部分杂草因缺少光照而生长瘦弱，危害不大。多数杂草在3月中下旬进入拔节期，4～5月份陆续开花结实，成熟后落入田间。

直播油菜田杂草的出土高峰期和杂草数量与秋季、冬季气温及降雨量有关，若温度高、雨量大，则杂草数量大、为害重。若冬季低温来得早，则杂草出土停止早。若油菜播种后天气干旱少雨，土壤墒情差，则杂草出土推迟，但降雨后将很快出现杂草出苗高峰。

长江流域长期推行油菜与水稻轮作，使水稻后茬油菜田的土壤湿度比玉米、大豆、棉花后茬油菜田的土壤湿度大，这使一些喜湿性杂草如看麦娘、芮草、日本看麦娘、硬草和棒头草等的发生面积扩大，为害加重。近年来采用机械化收割和秸秆还田，使无数杂草种子不经高温沤肥又直接返回农田，加上稻茬免耕直播油菜田面积的扩大，与耕翻田相比，免耕田的杂草出土早、数量大、长势旺、为害重。20世纪80年代以前，长江中下游地区油菜田的主要杂草是看麦娘和牛繁缕，之后长期单一使用绿麦隆后，有效地控制了看麦娘和牛繁缕的发生为害，但对绿麦隆耐药性强的日本看麦娘、硬草、棒头草、菵草的种群密度则上升，已成为主要恶性杂草。由于以前油菜田缺少防除阔叶杂草的高效安全除草剂,一些地区连年单一使用防除禾本科杂草的除草剂后,禾本科杂草危害虽然减轻了,但阔叶杂草种群密度却迅速上升,危害加重。

三、油菜田杂草防治技术

1. 农业除草技术

在水利条件较好的地区,推行水稻与小麦、油菜、绿肥的"三三制"轮作。绿肥田常在4月20～30日耕翻种水稻,这时看麦娘、日本看麦娘、硬草、芮草等杂草种子尚未成熟就被消灭掉,使秋季种植的油菜田杂草数量明显减少。由于目前还缺少防治油菜田阔叶杂草的高效安全除草剂,因此在阔叶杂草为害严重的油菜田,可将油菜与小麦、玉米、大豆等作物轮作。在这些作物的生长季节,用巨星、乙莠水悬浮乳剂、豆草畏、苯达松、克阔乐、杂草焚等除草剂把阔叶杂草的发生基数压低后,再种植油菜。

2. 生物防除技术

喜食扁秆杂草的尖翅小卷蛾,专食蓼科杂草的褐小黄叶甲,取食眼子菜的斑水螟,嗜食黄花蒿的尖翅筒喙象等,对油菜田杂草都具有良好的生物防治效果,具有十分广阔的发展前景。

3. 化学除草技术

(1) 常用除草剂

①常用除草剂包括燕麦畏、氟乐灵、巨星、乙莠水悬浮乳剂、豆草畏、苯达松、克阔乐、杂草焚、乙草胺、禾耐斯、都尔、拉索、大惠利、丁草胺、杀草丹、杀草胺、敌草胺、克草胺、施田补等。

②除草剂使用注意事项。施药最佳时间在油菜封行前、杂草3～5叶期。通常采用二次稀释法。视草情、墒情合理选择用药量,即草

大、墒情差时加大用药量,用高限,反之用低限。施药时,勿使药液飘移到其他相邻敏感作物上。

(2)油菜田化学除草综合方案

①播前土壤处理。可用燕麦畏、氟乐灵、大惠利处理土壤,以防除野燕麦、看麦娘、硬草和藜等杂草,也可用绿麦隆处理土壤,防除多数禾本科杂草和阔叶杂草。

燕麦畏:对于野燕麦严重发生而阔叶杂草很少的油菜田,在油菜播种前用40%燕麦畏乳油3000毫升/公顷,加水300～450升,均匀对土表喷雾。由于燕麦畏容易挥发和光解,喷药后立即用圆盘耙或钉齿耙混土5～10厘米深,然后播种油菜。由于西北地区干旱少,蒸发量大,施药后可混土10厘米左右。

氟乐灵:氟乐灵可用于防治看麦娘、日本看麦娘、稗草、棒头草、野燕麦等一年生禾本科杂草及牛繁缕等。通常在油菜苗床和直播田的播前或移栽田的移栽前使用。平整打厢后,用48%氟乐灵乳油1.2～2.25升/公顷,兑水600～750千克,均匀对土表喷雾,随即耙地混土3～5厘米深。若在春油菜田防除野燕麦,可将氟乐灵的用量增加到2.6升/公顷,混土深度可达10厘米左右。为防止氟乐灵对小麦和青稞产生药害,可用48%氟乐灵乳油1.5升/公顷与40%燕麦畏乳油1.5升/公顷混配使用。氟乐灵只对刚萌发的杂草幼芽有效,不宜在播后苗前施药,也不宜在杂草出苗后使用。与同类除草剂相比,氟乐灵对土壤湿度的要求不太严格,在干旱及灌溉困难的地区使用,同样具有较好的除草效果,这也是其一大优点。

②播后苗前土壤处理。可用乙草胺、禾耐斯、都尔、拉索、大惠利、丁草胺、杀草丹、杀草胺、敌草胺、克草胺、施田补等土壤处理剂,防除一年生禾本科杂草和部分小粒种子的阔叶杂草。

大惠利:用于防除看麦娘、野燕麦、千金子、稗草、马唐、牛筋草、早熟禾等一年生禾本科杂草及藜、蓼、苋、猪殃殃、繁缕、马齿苋、苦苣菜等多种阔叶杂草,对油菜很安全。可在油菜育苗床、直播田播后

第十五章 油菜草害防治技术

苗前施药,也可在移栽前或移栽后施药。用50%大惠利可湿性粉剂1.5～2.5升/公顷,兑水750千克,均匀对土表喷雾,干旱时施药后应浅混土。使用大惠利的地块下茬不宜种植高粱、玉米、甜菜等敏感作物。

乙草胺:对看麦娘、日本看麦娘、硬草、稗草等禾本科杂草有特效,杀草活性高,可兼治繁缕等部分小粒种子的阔叶杂草。在油菜育苗苗床、直播田播后苗前、移栽田的移栽前或移栽后均可使用。用50%乙草胺乳油0.9～1.8升/公顷,或用90%禾耐斯乳油0.6～1.2升/公顷,兑水750千克,均匀对土表喷雾。用药量因地而异,土壤有机质含量高时用量多,有机质含量低时用量少,在温度高、土壤湿度大的南方用量少,在温度低、土壤缺水的北方用量多。干旱时应灌溉或将药剂混入2～3厘米深的土层中。乙草胺对刚萌发的杂草防效好,对已出土的杂草防效较差,防治禾本科杂草应在1叶期以前施药。

施田补:对一年生禾本科杂草如看麦娘、稗草、野燕麦、硬草、马唐、棒头草、早熟禾等有特效,并可兼治藜、蓼、苋等阔叶杂草。在油菜播后苗前、移栽前,或移栽缓苗后,用33%施田补乳油1.5～3升/公顷,兑水750千克,均匀对地表喷雾,对禾本科杂草的防治效果可达95%以上。

拉索:主要防除以看麦娘为主的一年生禾本科杂草,可兼治部分阔叶杂草。在苗床或直播田的播后苗前、移栽田的移栽前或移栽后,用48%拉索乳油2.7～3.75升/公顷,兑水750千克,均匀喷雾。

杀草丹:主要防除以看麦娘为主的禾本科杂草,可兼治部分阔叶杂草。在油菜直播田的播后苗前或移栽田的移栽缓苗后、禾本科杂草1.5叶期以前,用50%杀草丹乳油1.5～3.75升/公顷,加水750千克,均匀喷雾。杀草丹对油菜安全,在播后苗前到子叶期施药均不会产生药害。移栽田施药兑水量不能少于600千克/公顷,否则嫩叶上易产生药害斑点。干旱时应在灌溉后施药或加大用水量。

绿麦隆：可防治阔叶杂草和禾本科杂草混生田中的看麦娘、日本看麦娘、硬草、棒头草、牛繁缕、荠菜、稻槎菜等多种杂草。在免耕稻茬直播油菜田播种前，用25％绿麦隆可湿性粉剂3.75升/公顷，在免耕稻茬移栽油菜田移栽前，用药4.5～5.25千克/公顷，兑水750千克，均匀喷雾，或制成毒土均匀撒施。在气温较高时喷雾有可能产生药害，而撒施药土比较安全。在免耕田或移栽田中以看麦娘为主的杂草比翻耕田中杂草早出土5～7天，数量也比翻耕田中杂草多20％左右，因此，水稻收割后应及时抢墒施药。

③苗后茎叶处理。使用收乐通、高效盖草能、精稳杀得、精禾草克、双草克、拿捕净、禾草灵、威霸、草长灭等处理茎叶，可防治禾本科杂草，使用高特克、胺苯黄隆等处理茎叶，可防治阔叶杂草。化学除草要避免连续多年使用某一种除草剂，以防优势杂草被控制后，一些次要杂草产生耐药性或抗药性而上升为优势杂草，造成危害，应选用杂草谱和作用机制不同的除草剂交替轮换使用或混配使用。

收乐通：收乐通为广谱高效选择性茎叶除草剂，对一年生和多年生禾本科杂草如看麦娘、日本看麦娘、稗草、野燕麦、棒头草、硬草、狗牙根、白茅、芦苇等有良好的防治效果。药剂可很快被杂草茎叶吸收，并转移到生长点发挥杀草作用，施药1小时后降雨不会影响除草效果。在油菜出苗或移栽后，禾本科杂草2～5叶期前，用12％收乐通乳油450～600毫升/公顷，加水450升，在晴天的上午均匀喷雾。

高效盖草能：该剂的杀草谱广，施药适期长，吸收传导快，可有效防治一年生和多年生禾本科杂草，对油菜很安全。在禾本科杂草出苗至生长期均可施药，在杂草2～5叶期时施药效果最好。用10.8％高效盖草能乳油375～525毫升/公顷，加水300～450千克，均匀喷雾。

双草克：对看麦娘、日本看麦娘、稗草、野燕麦、马唐、牛筋草、千金子等禾本科杂草及牛繁缕、雀舌草等部分阔叶杂草有很好的防治效果。在油菜出苗后或移栽缓苗后，大部分阔叶杂草2叶期前，用

35%双草克乳油750～1050毫升/公顷,兑水450千克,对杂草均匀喷雾。干旱地块在雨后或灌溉后施药效果更好。在阔叶杂草2叶期前施药效果好,草龄过大则影响效果,若禾本科杂草草龄超过4叶期,则应适当增加用药量。

在冬油菜产区防治以看麦娘为主的禾本科杂草,还可用15%精稳杀得乳油675～975毫升/公顷、5%精禾草克乳油675～975毫升/公顷、20%拿捕净乳油1050～1500毫升/公顷或7.5%威霸浓乳剂675～975毫升/公顷,加水450千克,在看麦娘2～5叶期均匀喷雾,有很好的除草效果。在春油菜产区防治以野燕麦为主的禾本科杂草,用药量可增加10%～20%。

高特克:高特克对油菜田阔叶杂草有很好的防治效果。用10%高特克乳油2～3.75升/公顷,可有效防治牛繁缕、雀舌草、苍耳、猪殃殃、荠菜等阔叶杂草。用药适期由杂草发生规律和油菜品种类型而定。高特克在甘蓝型油菜冬前苗期施用时,油菜叶片向下皱卷,7～10天后恢复正常,对产量无不良影响;在白菜型油菜同期施用时药害较重,对产量有明显影响,但在这两种油菜的越冬期及返青期施用,均不产生药害。因而对于耐药性弱的白菜型冬油菜应在越冬期或返青期施药;而对于耐药性较强的甘蓝型冬油菜,在冬前阔叶杂草基本出齐的地区,可在冬前施药,在冬前冬后各有一个出草高峰的地区,应在冬后的出草高峰后施药。

胺苯黄隆:胺苯黄隆为磺酰脲类高效广谱除草剂,可有效防除油菜田猪殃殃、大巢菜、碎米荠、牛繁缕、雀舌草、蓼、苋、香薷、看麦娘、日本看麦娘、稗草等单子叶和双子叶杂草。在秋播油菜移栽田移栽后10～30天、春播油菜田油菜苗期4～5叶期,用25%胺苯黄隆可湿性粉剂60～90克/公顷,兑水450～600千克,对茎叶喷雾。由于本剂杀草活性高、用量低,因此用药量要准确,且用二次稀释法稀释后使用,即先用少量水在一容器内将所需药剂配成母液,再加足够水,搅匀后均匀喷雾。为保证油菜安全,在秋播油菜苗床及低温、苗弱、苗小时勿用。后茬为直播抛秧、小苗秧、弱秧的稻田不能使用。

草长灭：草长灭为广谱除草剂，可有效防治看麦娘、野燕麦、棒头草等一年生禾本科杂草及猪殃殃、雀舌草、牛繁缕、毛茛、婆婆纳等阔叶杂草。若禾本科杂草与阔叶杂草混合发生较重时，可用70%草长灭可湿性粉剂3.75～4.5千克/公顷喷雾；若阔叶杂草很少，只需防治以看麦娘为主的禾本科杂草时，用药量可减少到2.25～3千克/公顷。草长灭的施药适期范围较宽，在冬油菜区的冬前和冬季施药均能获得较好除草效果，其中以冬油菜播种后或移栽后30天左右，杂草已基本出齐，并开始进入旺长的初期施药效果最好。在春油菜产区防除以野燕麦为主的杂草时，可于野燕麦2～4叶期，用70%草长灭可湿性粉剂3.75～4.5千克/公顷，兑水450千克，均匀喷雾。

禾本科杂草与阔叶杂草混合发生时，在杂草小苗期还可用10%高特克乳油2～3升/公顷、10.8%高效盖草能乳油300～450毫升/公顷、15%精稳杀得乳油600～900毫升/公顷或5%精禾草克乳油600～900毫升/公顷，兑水450千克，均匀喷雾。

参考文献

[1] 吴福祯. 中国农业百科全书(昆虫)[M]. 北京:中国农业出版社,1990.

[2] 魏鸿钧等. 中国地下害虫[M]. 上海:上海科学技术出版社,1989.

[3] 杜正文. 中国水稻病虫害综合防治策略与技术[M]. 北京:中国农业出版社,1991.

[4] 程家安. 水稻害虫[M]. 北京:中国农业出版社,1991.

[5] 郭予元. 棉铃虫的研究[M]. 北京:中国农业出版社,1998.

[6] 程遐年等. 褐飞虱研究与防治[M]. 北京:中国农业出版社,2003.

[7] 王厚振等. 棉铃虫预测预报与综合治理[M]. 北京:中国农业出版社,1999.

[8] 洪晓月等. 农业昆虫学[M]. 北京:中国农业出版社,2007.

[9] 张宝隶. 经济作物病虫害原色图谱[M]. 广州:广东科学技术出版社,2004.

[10] 中国农业科学院植物保护研究所. 中国农作物病虫害(上、下册)[M]. 北京:中国农业出版社,1995.

[11] 赖军臣等. 小麦常见病虫害防治[M]. 北京:中国劳动社会保障出版社,2011.

[12] 周尧.周尧昆虫图集[M].郑州:河南科学技术出版社,2001.

[13] 倪汉祥等.小麦主要病虫害及其综防技术研究5年来取得显著进展[J].植物保护,1996,22(4):37-39.

[14] 周大荣.我国玉米螟的发生、防治与研究进展[J].植保技术与推广,1996,16(2):38-40.

[15] 陈利锋等.农业植物病理学(南方本)[M].北京:中国农业出版社,2001.

[16] 白金铠.杂粮作物病害[M].北京:中国农业出版社,1997.

[17] 李振岐等.中国小麦锈病[M].北京:中国农业出版社,2002.

[18] 刘惕若等.油料作物病害及其防治[M].上海:上海科学技术出版社,1992.

[19] 张朝贤等.棉田和油菜田杂草化学防除[M].北京:化学工业出版社,2004.

[20] 张玉聚等.中国农田杂草防治原色图解[M].北京:中国农业科学技术出版社,2010.

[21] 强胜.杂草学[M].北京:中国农业出版社,2009.

[22] 李建军等.中国北方常见杂草及外来杂草鉴定识别图谱[M].青岛:中国海洋大学出版社,2012.

[23] 李秀钰等.淮北沿海棉区杂草发生情况及化除配套技术[J].中国棉花,2003,30(1):38.

[24] 李桂亭等.淮北棉区棉花病虫害综合治理技术概要[J].植保技术与推广,1996,16(3):13-14.